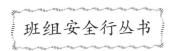

消防安全知识

（第四版）

李思佳　编著

中国劳动社会保障出版社

图书在版编目（CIP）数据

消防安全知识／李思佳编著. -- 4 版. -- 北京：中国劳动社会保障出版社，2022

（班组安全行丛书）

ISBN 978-7-5167-5638-6

Ⅰ. ①消… Ⅱ. ①李… Ⅲ. ①消防-安全教育-基本知识 Ⅳ. ①TU998. 1

中国版本图书馆 CIP 数据核字（2022）第 186555 号

中国劳动社会保障出版社出版发行

（北京市惠新东街 1 号 邮政编码：100029）

*

北京市科星印刷有限责任公司印刷装订 新华书店经销

880 毫米×1230 毫米 32 开本 6. 375 印张 144 千字

2022 年 12 月第 4 版 2024 年 9 月第 5 次印刷

定价：25. 00 元

营销中心电话：400-606-6496

出版社网址：http://www.class.com.cn

内容简介

　　消防工作是一项知识性、科学性、社会性很强的工作，涉及各行各业、千家万户，与经济发展、社会稳定和人民群众安居乐业密切相关。只有在全社会普及消防法规和消防科技知识，提高全民消防意识，增强全民防范与扑救能力，才能有效地预防和减少火灾的危害。

　　本书以国家有关消防法律法规为依据，介绍了消防安全基本知识和基本技术。全书分为火灾危险、火灾预防、火灾扑救、火场逃生和消防管理五个篇章，重点阐述了燃烧与爆炸、火灾危险性分类、防火防爆原理与措施、灭火原理与方法、灭火器具使用、消防安全设施使用、初起火灾扑救与紧急情况处置、火场逃生方法，以及基层消防管理、教育和培训等内容。本书坚持理论与实践相结合的原则，注重实用性和可操作性，采用问答的形式，力求做到通俗易懂、简明扼要。本书可作为企业法定代表人、消防安全管理人员和重点工种人员的培训教材，也可供企业班组工人和广大群众、学生学习和掌握消防安全知识和技能使用。

前言

　　班组是企业最基本的生产组织，是实际完成各项生产工作的部门，始终处于安全生产的第一线。班组的安全生产，对于维持企业正常生产秩序，提高企业效益，确保职工安全健康和企业可持续发展具有重要意义。据统计，在企业的伤亡事故中，绝大多数属于责任事故，而 90% 以上的责任事故又发生在班组。可以说，班组平安则企业平安，班组不安则企业难安。由此可见，班组的安全生产教育培训直接关系企业整体的生产状况乃至企业发展的安危。

　　为适应各类企业班组安全生产教育培训的需要，中国劳动社会保障出版社组织编写了"班组安全行丛书"。该丛书自出版以来，受到广大读者朋友的喜爱，成为他们学习安全生产知识、提高安全技能的得力工具。其间，我社对大部分图书进行了改版，但随着近年来法律法规、技术标准、生产技术的变化，不少读者通过各种渠道给予意见反馈，强烈要求对这套丛书再次进行改版。为此，我社对该丛书重新进行了改版。改版后的丛书共包括 17 种图书，具体如下：

　　《安全生产基础知识（第三版）》《职业卫生知识（第三版）》《应急救护知识（第三版）》《个人防护知识（第三版）》《劳动权益与工伤保险知识（第四版）》《消防安全知识（第四版）》《电气安全知识（第三版）》《危险化学品作业安全知识》《道路交通运输安全知识（第二版）》《金属冶炼安全知识（第二版）》《焊接安全知识

(第三版)》《起重安全知识（第二版)》《高处作业安全知识（第二版)》《有限空间作业安全知识（第二版)》《锅炉压力容器作业安全知识（第二版)》《机加工和钳工安全知识（第二版)》《企业内机动车辆安全知识（第二版)》。

该丛书主要有以下特点：一是具有权威性。丛书作者均为全国各行业长期从事安全生产、劳动保护工作的专家，既熟悉安全管理和技术，又了解企业生产一线的情况，所写内容准确、实用。二是针对性强。丛书在介绍安全生产基础知识的同时，以作业方向为模块进行分类，每分册只讲述与本作业方向相关的知识，因而内容更加具体，更有针对性。班组可根据实际需要选择相关作业方向的分册进行学习。三是通俗易懂。丛书以问答的形式组织内容，而且只讲述最常见、最基本的知识和技术，不涉及深奥的理论知识，因而适合不同学历层次的读者阅读使用。

该丛书按作业内容编写，面向基层，面向大众，注重实用性，紧密联系实际，可作为企业班组安全生产教育培训的教材，也可供从事安全生产工作的有关人员参考、使用。

目录

第一部分 火灾危险

1. 燃烧发生的条件是什么?

燃烧现象发生必须具备一定的条件,作为特殊的氧化还原反应,燃烧反应必须有助燃物(氧化剂)和可燃物(还原剂)参加,此外,还要有引发燃烧的引火源。

(1)助燃物。燃烧反应中助燃物是引起燃烧反应必不可少的条件,也称氧化剂。在一般火灾中,空气中的氧是最常见的氧化剂。在工业企业火灾中,引起燃烧反应的氧化剂则是多种多样的,根据它们生产储存时的火灾危险性,这些氧化剂可分为甲、乙两类。甲类的氧化剂有氯酸钠、氯酸钾、过氧化氢、过氧化钾、过氧化钠、次氯酸钙等。乙类的氧化剂有发烟硫酸、发烟硝酸、高锰酸钾、重铬酸钠等。

(2)可燃物。可燃物在燃烧反应中作为还原剂出现,凡是能与空气中的氧或其他氧化剂起燃烧反应的物质,均称为可燃物。可燃物按其物理状态分为气体、液体和固体。凡是在空气中能燃烧的气体称为可燃气体,如氢、一氧化碳、甲烷、乙烯、乙炔、丙烷、丁烷等。液体可燃物大多数是有机化合物,分子中都含有碳、氢原子,有些还含氧原子,如乙醇、汽油、苯乙醚、丙酮、油漆等。凡遇明火、热源能在空气中燃烧的固体物质称为可燃固体,如木材、纸、布、棉花、麻、糖、塑料、谷物等。

（3）引火源。凡是能引起物质燃烧的引燃能源，统称为引火源。引起火灾爆炸事故的引火源可分为四种类型，即化学引火源，如明火、自然发热；电气引火源，如电火花、静电火花、雷电；高温引火源，如高温表面、热辐射；冲击引火源，如摩擦撞击、绝热压缩。

上述三个条件通常被称为燃烧三要素。可用经典燃烧三角形表示三者的关系，如图 1-1 所示。燃烧三要素（三边连接）同时存在，相互作用，才会发生燃烧。

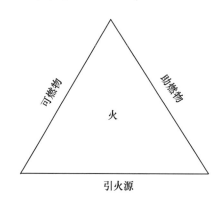

图 1-1　燃烧三角形

经典的燃烧三角形一般足以说明燃烧得以发生和持续进行的原理。但是，根据燃烧的连锁反应理论，很多燃烧的发生和持续有游离基（自由基）作为"中间体"，因此，燃烧三角形应扩大到包括一个说明游离基参加燃烧反应的附加维，从而形成燃烧四面体，如图 1-2 所示。

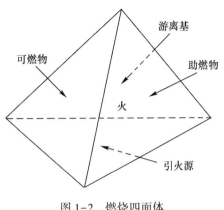

图 1-2　燃烧四面体

◎专家提示

（1）虽有氧气存在，但浓度不够，燃烧也不会发生。氧气浓度必须大于等于可燃物产生火所需要的最低氧含量。

（2）可燃气体（蒸气）只有达到一定的浓度，才会发生燃烧（爆炸）。虽有可燃气体（蒸气），但浓度不够，燃烧（爆炸）也不会发生。如在 20 ℃时，用明火接触柴油，柴油并不立即燃烧，这是因为柴油在 20 ℃时的蒸气量，还没有达到燃烧所需的浓度，因此，虽有足够的氧及引火源，也不能发生燃烧。

（3）不论何种形式的引火源，引火能量必须达到一定的强度才能引起燃烧反应。否则，燃烧就不会发生。不同的可燃物所需引火能量的强度，即引起燃烧的最小引火能量不同。低于这个能量就不能引起可燃物燃烧。

2. 按可燃物的类型和燃烧特性分类，火灾有哪些类型?

根据《火灾分类》（GB/T 4968—2008），按照可燃物的类型和燃烧特性，火灾被分为 A 类、B 类、C 类、D 类、E 类和 F 类火灾。

（1）A 类火灾：固体物质火灾。这种物质通常具有有机物性质，一般在燃烧时能产生灼热的余烬。

（2）B 类火灾：液体或可熔化的固体物质火灾。

（3）C 类火灾：气体火灾。

（4）D 类火灾：金属火灾。

（5）E 类火灾：带电火灾。物体带电燃烧的火灾。

（6）F 类火灾：烹饪器具的烹饪物（如动物油脂、植物油脂）火灾。

◎ **专家提示**

可燃金属燃烧引起的火灾之所以从 A 类火灾中分离出来，单独作为 D 类火灾，是因为这些金属燃烧时，燃烧热很大，为普通燃料的 5~20 倍，火焰温度很高，有的甚至达到 3 000 ℃以上，并且在高温下金属性质特别活泼，能与水、二氧化碳、氮、卤素及含卤化合物发生化学反应，使常用灭火剂失去作用，必须采用特殊的灭火剂灭火。

随着社会和经济的发展，现代科学技术被广泛应用，带电火灾越来越普遍，因此，把带电火灾单独列为一类火灾，以引起人们注意。

3. 按火灾损失严重程度分级，火灾分为哪些等级？

根据《生产安全事故报告和调查处理条例》，火灾等级分为特别重大火灾、重大火灾、较大火灾和一般火灾四个等级。

（1）特别重大火灾是指造成 30 人以上死亡，或者 100 人以上重伤，或者 1 亿元以上直接财产损失的火灾。

（2）重大火灾是指造成 10 人以上 30 人以下死亡，或者 50 人以上 100 人以下重伤，或者 5 000 万元以上 1 亿元以下直接财产损失的火灾。

（3）较大火灾是指造成 3 人以上 10 人以下死亡，或者 10 人以上 50 人以下重伤，或者 1 000 万元以上 5 000 万元以下直接财产损失的火灾。

（4）一般火灾是指造成 3 人以下死亡，或者 10 人以下重伤，或者 1 000 万元以下直接财产损失的火灾。

四个等级中"以上"包括本数，"以下"不包括本数。

4. 按火灾发生场地与燃烧物质分类，火灾有哪些类型?

（1）建筑火灾。主要有普通建筑火灾、高层建筑火灾、大空间建筑火灾、商场火灾、地下建筑火灾、古建筑火灾。

（2）物资（仓库）火灾。主要有危险化学品库火灾、石油库火灾、可燃气体库火灾。

（3）生产工艺火灾。主要有普通工厂矿山火灾、化工厂火灾、石油化工厂火灾、可燃爆矿火灾。

（4）原野火灾（自然火灾）。主要有森林火灾、草原火灾。

（5）运动器火灾。主要有汽车火灾、火车火灾、船舶火灾、飞机火灾、航天器火灾。

（6）特种火灾。主要有战争火灾、地震火灾、辐射性区域火灾。

◎ 专家提示

在所有火灾中，按损失划分，建筑火灾约占 2/3，是损失最大的。在物资火灾中，石油库火灾损失最大；在原野火灾中，森林火灾损失最大。

5. 按起火直接原因分类，火灾有哪些类型?

（1）放火。刑事犯放火，精神病人、智障人放火，自焚。

（2）违反电气安装安全规定。电气设备安装不符合规定，导线、熔丝不合格，避雷设备、排除静电设备未安装或不符合规定要求。

（3）违反电气使用安全规定。电气设备超负荷运行、导线短路、接触不良、静电放电以及其他原因引起电气设备着火。

（4）违反安全操作规定。在进行气焊、电焊操作时，违反操作规定；在化工生产中出现超温超压、冷却中断、操作失误而又处理不当；在储存、运输易燃易爆物品时，易燃易爆物品发生摩擦撞击，混存，遇水、酸、碱、热。

（5）吸烟。乱扔烟头、火柴杆。

（6）生活用火不慎。炉灶、燃气用具、煤油炉发生故障或使用不当。

（7）玩火。小孩玩火，燃放烟花爆竹。

（8）自燃。物质受热，植物、涂油物、煤堆垛过大、过久而又受潮、受热，危险化学品遇水、遇空气或相互接触、撞击、摩擦自燃。

（9）自然灾害。雷击、风灾、地震及其他自然灾害。

（10）其他。不属于以上九类的其他原因，如战争。

6. 按爆炸灾害产生的原因和性质分类，爆炸有哪些类型？

（1）物理爆炸灾害。它是由物理因素（如温度、压力、体积等）变化引起的。在物理爆炸前后，物质的性质与化学成分均不改变，如锅炉爆炸灾害、压力容器超压爆炸灾害、蒸气爆炸灾害等。

（2）化学爆炸灾害。灾害发生时，物质由一种化学结构迅速转变为另一种化学结构，瞬间放出大量的能量，并对外做功形成灾害。如可燃气体或粉尘与空气形成的爆炸性混合物爆炸灾害、炸药失控爆炸灾害等。

7. 按爆炸灾害反应分类，爆炸有哪些类型？

（1）气相爆炸灾害。包括可燃气体和助燃气体混合物爆炸灾害、气体热分解爆炸灾害、液体被喷成雾状物点燃后引起的爆炸灾害、飞扬悬浮于空气中的可燃物粉尘引起的爆炸灾害等。

（2）液相爆炸灾害。包括聚合爆炸灾害、由不同液体混合引起的爆炸灾害，如硝化甘油混合时引起的爆炸灾害。

（3）固相爆炸灾害。包括失控爆炸性化合物爆炸引起的灾害。

8. 按爆炸的变化传播速度分类，爆炸有哪些类型？

按爆炸的变化传播速度，爆炸可分为爆燃、爆炸和爆轰。

（1）爆燃。爆燃的传播速度为每秒数十米至百米，爆燃时压力不激增，没有爆炸特征响声，破坏力较小。例如，气体爆炸性混合物在接近爆炸浓度下限或上限的爆炸属爆燃。

（2）爆炸。爆炸的传播速度为每秒百米至千米，爆炸时仅在爆炸点引起压力激增，有震耳的响声和破坏作用，如火药受摩擦或遇火源引起的爆炸。

（3）爆轰。这种爆炸的特点是突然升起极高的压力，其传播是通过超音速的冲击波实现的，每秒可达数千米。这种冲击波能远离爆轰发源地而存在，并引起该处其他炸药的爆炸，具有很大的破坏力。

9. 按爆炸灾害发生原因与发生过程分类，爆炸有哪些类型？

（1）燃烧类火灾与爆炸。指处于密闭、敞开或半敞开式空间的可燃物质，在某种火源作用下引起的火灾爆炸事故。露天堆场火灾、建筑物火灾、各种设备（如釜、槽、罐、压缩机、管道等）的火灾或爆炸、交通工具火灾、仓库火灾等多属于燃烧类火灾爆炸事故。

（2）泄漏类火灾与爆炸。指处理、储存或运输可燃物质的容器、机械设备，因某种原因造成破裂而使可燃物质泄漏到大气中或进入有限空间内，或外界空气进入装置内，遇引火源发生的火灾爆炸事故。

（3）自燃类火灾与爆炸。可燃物质不与明火接触而发生着火燃烧的现象称为自燃，由此引发的火灾爆炸事故为此类。物质自燃往往不容易引起人们的重视，很多自燃现象的发生又是很难预料的，绝大多数发生在生产装置区内的操作和检修过程中，危险性极大。

（4）反应失控类火灾与爆炸。这类事故是由于正常的工艺条件失控，使反应加速，发热量增多，蒸气压过大或反应物料发生分解、燃烧而引起的。这种事故多发生在反应器（如釜、罐、塔、锅、槽等）中。正常的情况是当放热的化学反应进行时，其反应热借助搅拌、夹套冷却移出反应体系之外，以维持平衡的正常反应。一旦这个条件被破坏，蒸气压会剧增而发生事故。

（5）传热类蒸气爆炸。指热由高温物体急剧向与之接触的低温液体传递，造成液相向气相的瞬间相变而发生的爆炸事故。这种爆炸事故属于潜热型火灾爆炸事故。作为容易产生传热类蒸气爆炸的物质除水以外，还有低温液化石油气等石油制品类液体。

（6）破坏平衡类蒸气爆炸。指带压容器内的蒸气压平衡状态遭到破坏时，液相部分会立即转为过热状态，急剧沸腾而发生蒸气爆炸。按照爆炸前可燃液体的状态，可分成高压可燃液体的蒸气爆炸、加热可燃液体的蒸气爆炸和常温可燃液化气体的蒸气爆炸。

10. 生产的火灾危险性类别有哪些？

根据《建筑设计防火规范（2018版）》（GB 50016—2014），生产的火灾危险性应根据生产中使用或产生的物质性质及其数量等因素划分，可分为甲、乙、丙、丁、戊五类，见表1-1。

表1-1　　　　　　　　生产的火灾危险性分类

生产的火灾 危险性类别	使用或产生下列物质生产 的火灾危险性特征	举例
甲	1. 闪点<28 ℃的易燃液体	提炼、回收或洗涤闪点<28 ℃的油品和有机溶剂的工序和车间，抽送闪点<28 ℃液体的泵房，农药厂的乐果厂房和敌敌畏厂房，甲醇、乙醇、丙酮、苯等的合成或精制厂房
	2. 爆炸下限<10%的气体	乙炔站，氢气站，石油气体分馏厂房，液化石油气灌瓶间，电解水或电解食盐厂房
	3. 常温下能自行分解或在空气中氧化即能导致迅速自燃或爆炸的物质	硝化棉生产厂房及其应用部位，赛璐珞厂房，丙烯腈厂房
	4. 常温下受到水或空气中水蒸气的作用，能产生可燃气体并引起燃烧或爆炸的物质	金属钾、钠加工及其应用部位，聚乙烯厂房的一氯二乙基铝部位
	5. 遇酸、受热、撞击、摩擦、催化以及遇有机物或硫黄等易燃的无机物，极易引起燃烧或爆炸的强氧化剂	氯酸钠、氯酸钾厂房及其应用部位，过氧化氢、过氧化钠、过氧化钾厂房，次氯酸钙厂房
	6. 受撞击、摩擦或与氧化剂、有机物接触时能引起燃烧或爆炸的物质	赤磷制备厂房及其应用部位，五硫化二磷厂房及其应用部位
	7. 在密闭设备内操作温度不小于物质本身自燃点的生产	洗涤剂厂房石蜡裂解部位，冰醋酸裂解厂房

9

生产的火灾危险性类别	使用或产生下列物质生产的火灾危险性特征	举例
乙	1. 28 ℃≤闪点<60 ℃的液体	28 ℃≤闪点<60 ℃的油品和有机溶剂的提炼、回收、洗涤部位及其泵房，松节油或松香蒸馏厂房及其应用部位，煤油灌桶间
	2. 爆炸下限≥10%的气体	一氧化碳压缩及净化部位，发生炉煤气或鼓风炉煤气净化部位，氨压缩机房
	3. 不属于甲类的氧化剂	发烟硫酸或发烟硝酸浓缩部位，高锰酸钾厂房，重铬酸钠厂房
	4. 不属于甲类的易燃固体	樟脑、松香提炼厂房，硫黄回收厂房
	5. 助燃气体	氧气站，空分厂房
	6. 能与空气形成爆炸性混合物的浮游状态的粉尘、纤维、闪点≥60 ℃的液体雾滴	铝粉、镁粉制粉厂房，活性炭制造及再生厂房
丙	1. 闪点≥60 ℃的液体	闪点≥60 ℃的油品和有机液体的提炼、回收工段及其抽送泵房，柴油灌桶间，润滑油再生部位，沥青加工厂房
	2. 可燃固体	橡胶制品的压延、成型和硫化厂房，化纤生产的干燥部位，泡沫塑料厂的发泡、成型、印片压花部位
丁	1. 对不燃烧物质进行加工，并在高热或熔化状态下经常产生强辐射热，火花或火焰的生产	金属冶炼、锻造、铆焊、热轧、铸造、热处理等厂房

续表

生产的火灾危险性类别	使用或产生下列物质生产的火灾危险性特征	举例
丁	2. 利用气体、液体、固体作为燃料或将气体、液体进行燃烧作其他用的各种生产	锅炉房，玻璃原料熔化工序，石灰焙烧工序
	3. 常温下使用或加工难燃烧物质的生产	铝塑材料的加工，酚醛泡沫塑料的加工，化纤厂后加工润湿部位
戊	常温下使用或加工非燃烧物质的生产	石棉加工车间，不燃液体的泵房和阀门室，化学纤维厂的浆粕蒸煮工段

11

11. 储存物品的火灾危险性类别有哪些?

根据《建筑设计防火规范（2018 年版）》（GB 50016—2014），储存物品的火灾危险性应根据储存物品的性质和储存物品中的可燃物数量等因素划分，可分为甲、乙、丙、丁、戊五类，见表 1-2。

表 1-2　　　　　　储存物品的火灾危险性分类

储存物品的火灾危险性类别	储存物品的火灾危险性特征	举例
甲	1. 闪点<28 ℃的液体	苯、甲苯、甲醇、乙醇、乙醚、汽油、丙酮、丙烯、乙醛
	2. 爆炸下限＜10%的气体，受到水或空气中水蒸气的作用能产生爆炸下限<10%气体的固体物质	乙炔、氢气、甲烷、乙烯、丙烯、丁二烯、环氧乙烷、水煤气、硫化氢、氯乙烯、液化石油气
	3. 常温下能自行分解或在空气中氧化即能导致迅速自燃或爆炸的物质	硝化棉、硝化纤维胶片、喷漆棉、赛璐珞棉、黄磷

储存物品的火灾危险性类别	储存物品的火灾危险性特征	举例
甲	4. 常温下受到水或空气中水蒸气的作用，能产生可燃气体并引起燃烧或爆炸的物质	金属钾、钠、锂、钙、锶、四氢化锂铝
	5. 遇酸、受热、撞击、摩擦以及遇有机物或硫黄等易燃的无机物、极易引起燃烧或爆炸的强氧化剂	氯酸钾、氯酸钠、过氧化钾、过氧化钠
	6. 受撞击、摩擦或与氧化剂、有机物接触时能引起燃烧或爆炸的物质	赤磷、五硫化磷、三硫化磷
乙	1. 28 ℃≤闪点<60 ℃的液体	煤油、松节油、丁烯醇、异戊醇、醋酸丁酯、溶剂油、冰醋酸、樟脑油、甲酸
	2. 爆炸下限≥10%的气体	氨气、一氧化碳、发生炉煤气
	3. 不属于甲类的氧化剂	硝酸铜、亚硝酸钾、重铬酸钠、硝酸、发烟硫酸、漂白粉
	4. 不属于甲类的易燃固体	硫黄、镁粉、铝粉、赛璐珞板（片）、樟脑、生松香、硝化纤维漆布、萘
	5. 助燃气体	氧气、氯气、氟气、压缩空气
	6. 常温下与空气接触能缓慢氧化，积热不散引起自燃的物品	漆布、油布、油纸
丙	1. 闪点≥60 ℃的液体	动物油、植物油、沥青、蜡、润滑油、机油、重油、柴油、糠醛
	2. 可燃固体	化学纤维及其织物、天然橡胶及其制品、计算机房已录制的数据磁盘

续表

储存物品的火灾危险性类别	储存物品的火灾危险性特征	举例
丁	难燃烧物品	自熄性塑料及其制品、酚醛泡沫塑料及其制品、水泥刨花板
戊	不燃物品	氮气、二氧化碳、氩气等惰性气体，钢材、铝材、玻璃及其制品、搪瓷制品、陶瓷制品、石棉、硅酸铝纤维、石膏、水泥、石料、膨胀珍珠岩

◎专家提示

丁、戊类物品本身虽然是难燃烧或不燃烧的，但其包装很多是可燃的（如木箱、纸盒等），对这两类物品，除考虑本身的燃烧性能外，还要考虑可燃包装的数量。当难燃物品、非燃物品的可燃包装质量超过物品本身质量的1/4时，其火灾危险性应为丙类。有些包装物与被包装物品的质量比虽然小于1/4，但包装物（如泡沫塑料等）的单位体积质量较小，极易燃烧且初期燃烧速率较快、释热量大，如仍然按照丁、戊类仓库来确定则可能出现与实际火灾危险性不符的情况。因此，针对这种情况，当可燃包装体积大于物品本身体积的1/2时，要相应提高该库房的火灾危险性类别。

12. 危险货物分为哪几类？

根据《危险货物分类和品名编号》（GB 6944—2012），危险货物分为爆炸品，气体，易燃液体，易燃固体、易于自燃的物质、遇水放出易燃气体的物质，氧化性物质和有机过氧化物，毒性物质和感染性物质，放射性物质，腐蚀性物质以及杂项危险物质和物品九大类。

13

13. 爆炸危险环境的危险区域是如何划分的?

爆炸危险环境应根据爆炸性混合物出现的频繁程度和持续时间，来划分其危险区域。根据《爆炸危险环境电力装置设计规范》（GB 50058—2014），爆炸危险环境的危险区域划分见表1-3。

表1-3　　　　　　　爆炸危险环境的危险区域划分

类别	分区	特征
爆炸性气体环境	0区	连续出现或长期出现爆炸性气体混合物的环境
	1区	在正常运行时可能出现爆炸性气体混合物的环境
	2区	在正常运行时不可能出现爆炸性气体混合物的环境，或即使出现仅是短时存在的爆炸性气体混合物的环境
爆炸性粉尘环境	20区	空气中的可燃性粉尘云持续地或长期地或频繁地出现了爆炸性环境中的区域
	21区	在正常运行时，空气中的可燃性粉尘云很可能偶尔出现于爆炸性环境中的区域
	22区	在正常运行时，空气中的可燃粉尘一般不可能出现于爆炸性粉尘环境中的区域，即使出现，持续时间也是短暂的

◎ 专家提示

在生产、加工、处理、运转或储存过程中出现或可能出现下列环境之一时，视为爆炸性气体环境，应进行爆炸性气体环境的电力装置设计。

（1）在大气条件下，可燃气体与空气混合物形成爆炸性气体混合物。

（2）闪点低于或等于环境温度的可燃液体的蒸气或薄雾与空气混合形成爆炸性气体混合物。

（3）在物料操作温度高于可燃液体闪点的情况下，当可燃液体有可能泄漏时，可燃液体的蒸气或薄雾与空气混合形成爆炸性气体混合物。

符合下列条件之一时，可划为非爆炸性气体危险区域。

（1）没有释放源且不可能有可燃物质侵入的区域。

（2）可燃物质可能出现的最高浓度不超过爆炸性下限值的10%。

（3）在生产过程中使用明火的设备附近，或炽热部件的表面温度超过区域内可燃物质引燃温度的设备附近。

（4）在生产装置外，露天或开敞设置的输送可燃物质的架空管道地带，但其阀门处按具体情况确定。

符合下列条件之一时，可划为非爆炸性粉尘危险区域。

（1）装有良好除尘效果的除尘装置，当该除尘装置停车时，工艺机组能联锁停车。

（2）设有为爆炸性粉尘环境服务，并用墙隔绝的送风机室，其通向爆炸性粉尘环境的风道设有能防止爆炸性粉尘混合物侵入的安全装置。

（3）区域内使用爆炸性粉尘的量不大，且在排风柜内或风罩下进行操作。

14. 爆炸性混合物是如何分类、分级、分组的?

（1）爆炸性混合物的分类。爆炸性混合物的危险性是由它的爆炸极限、传爆能力、引燃温度和最小点燃电流比（MICR）决定的。根据爆炸性混合物的危险性并考虑实际生产过程的特点，一般将爆炸性混合物分为三类：Ⅰ类为矿井甲烷；Ⅱ类为工业气体（如工厂爆炸性气体、蒸气、薄雾等）；Ⅲ类为工业粉尘（如爆炸性粉尘、易燃纤维等）。

（2）爆炸性气体混合物的分级、分组。在分类的基础上，各种爆炸性混合物是按照最大试验安全间隙（*MESG*）和最小点燃电流比分级，按引燃温度分组的，主要是为了配置相应的电气设备，以达到安全生产的目的。爆炸性气体混合物，可按照最大试验安全间隙的大小分为ⅡA、ⅡB、ⅡC三级，安全间隙的大小反映了爆炸性气体混合物的传爆能力，间隙越小，其传爆能力就越强，危险性越大；反之，间隙越大，其传爆能力越弱，危险性也越小。爆炸性气体混合物也可按照最小点燃电流比的大小分为ⅡA、ⅡB、ⅡC三级，最小点燃电流比越小，危险性就越大。爆炸性气体混合物按引燃温度的高低，分为T1、T2、T3、T4、T5、T6六组，引燃温度越低的物质，越容易引燃。爆炸性气体混合物的分类、分级、分组举例见表1-4。

表1-4　　　　爆炸性气体混合物的分类、分级、分组举例

类和级	最大试验安全间隙 *MESG*/mm	最小点燃电流比 *MICR*	引燃温度 t/℃与组别					
			T1 $t>450$	T2 $450 \geqslant t>300$	T3 $300 \geqslant t>200$	T4 $200 \geqslant t>135$	T5 $135 \geqslant t>100$	T6 $100 \geqslant t>85$
Ⅰ	*MESG* = 1.14	*MICR* = 1.0	甲烷	—	—	—	—	—
ⅡA	0.9< *MESG*< 1.14	0.8< *MICR*< 1.0	乙烷、丙烷、丙酮、苯乙烯、氯乙烯、氯苯、甲苯、苯、氨、甲醇、一氧化碳、乙酸乙酯、乙酸、丙烯腈	丁烷、乙醇、丙烯、丁醇、乙酸丁酯、乙酸戊酯、乙酸酐	戊烷、己烷、庚烷、癸烷、辛烷、汽油、硫化氢、环己烷	乙醚、乙醛	—	亚硝酸乙酯

类和级	最大试验安全间隙 $MESG$/mm	最小点燃电流比 $MICR$	引燃温度 t/℃与组别					
			T1	T2	T3	T4	T5	T6
			$t>450$	$450 \geq t>300$	$300 \geq t>200$	$200 \geq t>135$	$135 \geq t>100$	$100 \geq t>85$
ⅡB	$0.5< MESG \leq 0.9$	$0.45< MICR< 0.8$	二甲醚、民用煤气、环丙烷、焦炉煤气	环氧乙烷，环氧丙烷、丁二烯、乙烯	异戊二烯	—	—	—
ⅡC	$MESG \leq 0.5$	$MICR \leq 0.45$	水煤气、氢	乙炔	—	—	二硫化碳	硝酸乙酯

注：最小点燃电流比（$MICR$）为各种气体和蒸气按照它们最小点燃电流值与实验室的甲烷最小电流值之比。

（3）爆炸性粉尘混合物的分级。根据爆炸性粉尘混合物的危险性质，可将其分为ⅢA、ⅢB、ⅢC三级。爆炸性粉尘混合物分级举例如表1-5所示。

表1-5　　　　　　爆炸性粉尘混合物的分级举例

粉尘分级	粉尘危险性质	举例
ⅢA	可燃性飞絮	棉花纤维、麻纤维、丝纤维、毛纤维、木质纤维、人造纤维
ⅢB	非导电性粉尘	聚乙烯、苯酚树脂、小麦、玉米、砂糖、橡胶、染料、可可、木质、米糠、硫黄
ⅢC	导电性粉尘	石墨、炭黑、焦炭煤、铁、锌、钛

◎相关链接

最大试验安全间隙是在标准试验条件下，壳内所有浓度的被试验气体或蒸气与空气的混合物点燃后，通过 25 mm 长的接合面均不能点燃壳外爆炸性气体混合物的外壳空腔两部分之间的最大

17

间隙。

最小点燃电流是在温度为 20～40 ℃、压力为 0.1 MPa、电压为 24 V、电感为 95 mH 的试验条件下，采用 IEC 标准火花发生器对空气电感组成的直流电路进行 3 000 次火花试验，能够点燃最易点燃混合物的最小电流。最易点燃混合物是在常温常压下，需要最小引燃能量的混合物。例如，甲烷最易点燃混合物的体积分数为 8.3%±0.3% 时，最小引燃能量为 0.28 mJ。氢气最易点燃混合物的体积分数为 21%±2% 时，最小引燃能量为 0.019 mJ。

引燃温度是爆炸性混合物不需要用明火即能引燃的最低温度。

15. 什么是危险化学品重大危险源?

根据《危险化学品重大危险源辨识》（GB 18218—2018），危险化学品重大危险源是指长期地或临时地生产、储存、使用和经营危险化学品，且危险化学品的数量等于或超过临界量的单元。这里的单元是指涉及危险化学品的生产、储存装置、设施或场所，分为生产单元和储存单元。

16. 如何进行危险化学品重大危险源辨识?

根据《危险化学品重大危险源辨识》（GB 18218—2018）的规定，生产单元、储存单元内存在危险化学品的数量等于或超过规定的临界量，即被确定为重大危险源。单元内存在危险化学品的数量根据危险化学品种类的多少区分为两种情况。第一种是生产单元、储存单元内存在的危险化学品为单一品种，则该危险化学品的数量即为单元内危险化学品的总量，若等于或超过相应的临界量，则定为重大危险源。第二种是生产单元、储存单元内存在的危险化学品为多品种时，则按式 1-1 计算，若满足式 1-1，则定为重大危险源。

$$q_1/Q_1 + q_2/Q_2 + \cdots + q_n/Q_n \geq 1 \qquad (1\text{-}1)$$

式中 q_1，q_2，$\cdots$，q_n——每种危险化学品的实际存在量，单位为吨（t）；

Q_1，Q_2，$\cdots$，Q_n——与每种危险化学品相对应的临界量，单位为吨（t）。

◎相关链接

危险化学品临界量的确定，在表 1-6 范围内的危险化学品，其临界量按表 1-6 确定；未在表 1-6 范围内的危险化学品，依据其危险性按表 1-7 确定其临界量；若一种危险化学品具有多种危险性，应按其中最低的临界量确定。

表 1-6　　　　　　　　危险化学品名称及其临界量

序号	危险化学品名称和说明	别名	CAS 号	临界量/t
1	氨	液氨；氨气	7664-41-7	10
2	二氟化氧	一氧化二氟	7783-41-7	1
3	二氟化氮	—	10102-44-0	1
4	二氧化硫	亚硫酸酐	7446-09-5	20
5	氟	—	7782-41-4	1
6	碳酰氯	光气	75-44-5	0.3
7	环氧乙烷	氧化乙烯	75-21-8	10
8	甲醛（含量>90%）	蚁醛	50-00-0	5
9	磷化氢	磷化三氢；膦	7803-51-2	1
10	硫化氢	—	7783-06-4	5
11	氯化氢（无水）	—	7647-01-0	20
12	氯	液氯；氯气	7782-50-5	5
13	煤气（CO，CO 和 H_2、CH_4 的混合物等）	—	—	20

续表

序号	危险化学品名称和说明	别名	CAS 号	临界量/t
14	砷化氢	砷化三氢、胂	7784-42-1	1
15	锑化氢	三氢化锑；锑化三氢；䏱	7803-52-3	1
16	硒化氢	—	7783-07-5	1
17	溴甲烷	甲基溴	74-83-9	10
18	丙酮氰醇	丙酮合氰化氢；2-羟基异丁腈；氰丙醇	75-86-5	20
19	丙烯醛	烯丙醛；败脂醛	107-02-8	20
20	氟化氢	—	7664-39-3	1
21	1-氯-2，3-环氧丙烷	环氧氯丙烷（3-氯-1，2-环氧丙烷）	106-89-8	20
22	3-溴-1，2-环氧丙烷	环氧溴丙烷；溴甲基环氧乙烷；表溴醇	3132-64-7	20
23	甲苯二异氰酸酯	二异氰酸甲苯酯；TDI	26471-62-5	100
24	一氯化硫	氯化硫	10025-67-9	1
25	氰化氢	无水氢氰酸	74-90-8	1
26	三氧化硫	硫酸酐	7446-11-9	75
27	3-氨基丙烯	烯丙胺	107-11-9	20
28	溴	溴素	7726-95-6	20
29	乙撑亚胺	吖丙啶；1-氮杂环丙烷；氮丙啶	151-56-4	20
30	异氰酸甲酯	甲基异氰酸酯	624-83-9	0.75
31	叠氮化钡	叠氮钡	18810-58-7	0.5
32	叠氮化铅	—	13424-46-9	0.5

续表

序号	危险化学品名称和说明	别名	CAS号	临界量/t
33	雷汞	二雷酸汞；雷酸汞	628-86-4	0.5
34	三硝基苯甲醚	三硝基茴香醚	28653-16-9	5
35	2，4，6-三硝基甲苯	梯恩梯；TNT	118-96-7	5
36	硝化甘油	硝化丙三醇；甘油三硝酸酯	55-63-0	1
37	硝化纤维素［干的或含水（或乙醇）<25%］	硝化棉	9004-70-0	1
38	硝化纤维素（未改型的，或增塑的，含增塑剂<18%）			1
39	硝化纤维素（含乙醇≥25%）			10
40	硝化纤维素（含氮≤12.6%）			50
41	硝化纤维素（含水≥25%）			50
42	硝化纤维素溶液（含氮量≤12.6%，含硝化纤维素≤55%）	硝化棉溶液	9004-70-0	50
43	硝酸铵（含可燃物>0.2%，包括以碳计算的任何有机物，但不包括任何其他添加剂）	—	6484-52-2	5
44	硝酸铵（含可燃物≤0.2%）	—	6484-52-2	50
45	硝酸铵肥料（含可燃物≤0.4%）	—	—	200
46	硝酸钾	—	7757-79-1	1 000
47	1，3-丁二烯	联乙烯	106-99-0	5
48	二甲醚	甲醚	115-10-6	50
49	甲烷，天然气	—	74-82-8（甲烷）8006-14-2（天然气）	50

21

续表

序号	危险化学品名称和说明	别名	CAS 号	临界量/t
50	氯乙烯	乙烯基氯	75-01-4	50
51	氢	氢气	1333-74-0	5
52	液化石油气（含丙烷、丁烷及其混合物）	石油气（液化的）	68476-85-7 74-98-6 （丙烷） 106-97-8 （丁烷）	50
53	一甲胺	氨基甲烷；甲胺	74-89-5	5
54	乙炔	电石气	74-86-2	1
55	乙烯	—	74-85-1	50
56	氧（压缩的或液化的）	液氧；氧气	7782-44-7	200
57	苯	纯苯	71-43-2	50
58	苯乙烯	乙烯苯	100-42-5	500
59	丙酮	二甲基酮	67-64-1	500
60	2-丙烯腈	丙烯腈；乙烯基氰；氰基乙烯	107-13-1	50
61	二硫化碳	—	75-15-0	50
62	环己烷	六氢化苯	110-82-7	500
63	1，2-环氧丙烷	氧化丙烯；甲基环氧乙烷	75-56-9	10
64	甲苯	甲基苯；苯基甲烷	108-88-3	500
65	甲醇	木醇；木精	67-56-1	500
66	汽油（乙醇汽油、甲醇汽油）	—	86290-81-5 （汽油）	200
67	乙醇	酒精	64-17-5	500
68	乙醚	二乙基醚	60-29-7	10
69	乙酸乙酯	醋酸乙酯	141-78-6	500

续表

序号	危险化学品名称和说明	别名	CAS 号	临界量/t
70	正己烷	己烷	110-54-3	500
71	过乙酸	过醋酸；过氧乙酸；乙酰过氧化氢	79-21-0	10
72	过氧化甲基乙基酮（10%＜有效氧含量≤10.7%，含 A 型稀释剂≥48%）	—	1338-23-4	10
73	白磷	黄磷	12185-10-3	50
74	烷基铝	三烷基铝	—	1
75	戊硼烷	五硼烷	19624-22-7	1
76	过氧化钾	—	17014-71-0	20
77	过氧化钠	双氧化钠；二氧化钠	1313-60-6	20
78	氯酸钾	—	3811-04-9	100
79	氯酸钠	—	7775-09-9	100
80	发烟硝酸	—	52583-42-3	20
81	硝酸（发红烟的除外，含硝酸＞70%）	—	7697-37-2	100
82	硝酸胍	硝酸亚氨脲	506-93-4	50
83	碳化钙	电石	75-20-7	100
84	钾	金属钾	7440-09-7	1
85	钠	金属钠	7440-23-5	10

23

表1-7　未在表1-6中列举的危险化学品类别及其临界量

类别	符号	危险性分类及说明	临界量/t
健康危害	J（健康危害性符号）	—	—
急性毒性	J1	类别1，所有暴露途径，气体	5

续表

类别	符号	危险性分类及说明	临界量/t
急性毒性	J2	类别1，所有暴露途径，固体、液体	50
	J3	类别2、类别3，所有暴露途径，气体	50
	J4	类别2、类别3，吸入途径，液体（沸点≤35 ℃）	50
	J5	类别2，所有暴露途径，液体（除J4外）、固体	500
物理危险	W（物理危险性符号）	—	—
爆炸物	W1.1	不稳定爆炸物 1.1项爆炸物	1
	W1.2	1.2、1.3、1.5、1.6项爆炸物	10
	W1.3	1.4项爆炸物	50
易燃气体	W2	类别1和类别2	10
气溶胶	W3	类别1和类别2	150（净重）
氧化性气体	W4	类别1	50
易燃液体	W5.1	类别1 类别2和3，工作温度高于沸点	10
	W5.2	类别2和3，具有引发重大事故的特殊工艺条件 包括危险化工工艺、爆炸极限范围或附近操作、操作压力>1.6 MPa等	50
	W5.3	不属于W5.1或W5.2的其他类别2	1 000
	W5.4	不属于W5.1或W5.2的其他类别3	5 000

续表

类别	符号	危险性分类及说明	临界量/t
自反应物质和混合物	W6.1	A型和B型自反应物质和混合物	10
	W6.2	C型、D型、E型自反应物质和混合物	50
有机过氧化物	W7.1	A型和B型有机过氧化物	10
	W7.2	C型、D型、E型、F型有机过氧化物	50
自燃液体和自燃固体	W8	类别1自燃液体 类别1自燃固体	50
氧化性固体和液体	W9.1	类别1	50
	W9.2	类别2、类别3	200
易燃固体	W10	类别1易燃固体	200
遇水放出易燃气体的物质和混合物	W11	类别1和类别2	200

25

第二部分　火灾预防

17. 防火防爆的基本原理是什么?

引发火灾的条件是可燃物、助燃物与引火源同时存在，相互作用。引发爆炸的条件是爆炸品（内含还原剂与氧化剂）或可燃物与空气的混合物及起爆能源同时存在，相互作用。如果我们采取措施避免或消除上述条件之一，就可以防止火灾爆炸事故的发生，这就是防火防爆的基本原理。在制定防火防爆措施时，可从以下四个方面考虑。

（1）预防性措施。这是最理想、最重要的措施。其基本点就是使可燃物、助燃物与引火源没有结合的机会，从根本上杜绝发火（引爆）的可能性。

（2）限制性措施。这是指一旦发生火灾爆炸事故，限制其蔓延、扩大的措施。如工厂的安全布置，限制物料数量，安装阻火、泄压装置，设防火墙等。

（3）消防措施。万一不慎起火，要尽快组织人员扑灭。特别是如果能在着火的初期就将火扑灭，可以避免发生大火灾。从广义上讲，这也是防火措施的一部分。

（4）疏散性措施。预先采取必要的措施，一旦发生较大火灾，能迅速将人员或重要物资转移到安全区，以减少损失。如建筑物的安全门或疏散通道等。

18. 防止火灾的基本技术措施有哪些?

根据火灾发展过程的特点，主要应采取以下基本技术措施。

（1）用难燃和不燃的物质代替可燃物质。

（2）密闭和负压操作。

（3）通风除尘。

（4）惰性气体保护。

（5）采用耐火建筑材料。

（6）严格控制引火源。

（7）阻止火焰蔓延。

（8）抑制火灾可能发展的规模。

19. 防止爆炸的基本技术措施有哪些?

根据爆炸过程的特点，主要应采取以下基本技术措施。

（1）防止爆炸性混合物的形成。

（2）严格控制起爆能源。

（3）及时泄出燃爆压力。

（4）切断爆炸传播途径。

（5）减小爆炸压力和冲击波对人员、设备和建筑物的破坏。

20. 如何控制和消除明火引火源?

明火有生产用火和非生产用火两类。生产中常见的明火有加热用火，如蒸汽锅炉、加热炉的火焰；维修用火，如焊接、切割、喷灯等；熬炼用火，如熬沥青等。非生产用火有炊事用火、烟囱飞火、取暖用火、打火机用火等。明火引火源的控制和消除应采取以下措施。

（1）管理和控制厂区内存在及可能存在的明火源，建立健全各种明火使用、管理的规章制度，并认真实施、检查和监督，杜绝非必要的明火源在厂区出现。

（2）甲、乙、丙类生产车间、仓库及厂区和库区内严禁动用明火，若生产需要必须动火时应经单位的安全保卫部门或防火责任人批准，并办理动火许可证，落实各项防范措施。

（3）对于烘烤、熬炼、锅炉、焙烧炉、加热炉、电炉等固定用火地点，必须远离甲、乙、丙类生产车间和仓库，满足防火间距要求，并办理用火许可证。

（4）焊割地点与易燃易爆的危险场所应保持一定的距离；动火场所周围要清除可燃物，如不便清除时，可用石棉或其他耐火材料遮盖和隔离；电焊导线绝缘应保持良好，接地线不能连在易燃物生产设备上；焊接完毕应仔细检查现场，确认无着火危险时方可离开。

（5）为防止烟囱飞火，燃料在炉膛内要燃烧充分，烟囱要有足够的高度，必要时应安装火星熄灭器。在烟囱周围一定的距离内不得堆放易燃易爆物品，不准搭建易燃建筑物。

（6）为防止机动车排气管喷火引起火灾，机动车辆不准随便进入有爆炸危险的场所，如果必须驶入，要在其排气管安装火星熄灭器，并与危险物料保持一定的距离。

21. 如何控制和消除自燃引火源？

某些物质在一定条件下会自动发生燃烧反应，或可燃物质本身或其内部存在着化学反应热蓄积而导致火灾爆炸。其既可作为自身的直接引火源，也能作为引燃其他可燃物的间接引火源。常见容易引起自燃的物质有赛璐珞、硝化棉、油布、油渣、煤、活性炭、黄磷、金属钠、电石、生石灰等。自燃引火源的控制和消除应采取以下措施。

（1）依据物质自燃的机理不同，研究管理使用该类物质的方法，破坏其反应发生的条件，防止热量的蓄积。

（2）生产中尽量避免使用易自燃的物质。

（3）对于遇空气会发生剧烈氧化反应的物质，应避免与空气接触。如黄磷储存在水中，烷基铝溶于烃类溶剂中或用氮气密封的方法储存。含硫原油的油罐或硫化物生产的设备内壁极易产生硫化铁发生自燃，可在容器设备内表面涂刷防腐漆料，阻止硫化铁的产生。容器内壁产生硫化铁后，可用水蒸气或水进行清洗，清除下的硫化铁应埋入地下防止自燃。

（4）碱金属、碱土金属以及铁粉、铝粉等金属粉末等遇水燃烧物质，吸潮、遇水可反应生热、积热引发燃烧，要防水、防潮，保持周围环境干燥。

（5）对于混合接触自然发热的物质，应严格按照有关规定使用、操作、储运。

（6）对于硝化棉、赛璐珞、硝化甘油等常温环境条件下能分解放热而自燃的物质，应储存在阴凉、通风散热条件良好的场所，并禁止长期和大量储存，储运过程中硝化棉要保持湿润状态。

（7）对于吸附放热自燃性物质，最好保持其储存环境的通风散热条件，避免大量长期堆积。

（8）对于能产生放热的聚合反应而自燃的物质，要防止热、光、辐射和引发性物质的作用，储运过程中要加入阻聚剂或缓聚剂。应将气温升高可促使反应加速的物质置于避开阳光的阴凉场所。

（9）对于刚从生产线下来的温度较高、堆积起来能自燃的物质，待冷却到常温后再堆积起来。

（10）对于易发生自燃的物质，储存中要连续地检测其温度，并做好记录，以判断有无自燃的特性征兆，一旦发现达到危险温度，要及时采取措施，如倒垛、通风或先期用掉等。

22. 如何控制和消除电气引火源？

电气设备在正常运行和事故运行时会产生电火花，要想完全避免电火花的发生是很困难的。为此，必须要有严格的设计、安装、使用、维修制度，把电火花的危害降低到最低限度。

（1）对正常运行时产生电火花、电弧和危险高温的电气装置，不应设置在有爆炸和火灾危险的场所。

（2）在爆炸和火灾危险场所内，应尽量不用或少用携带式电气设备。

（3）爆炸和火灾危险场所内的电气设备，应根据危险场所的等级合理选用电气设备的类型，以适应使用场所的条件和要求。

（4）在爆炸和火灾危险场所内，线路导线和电缆的额定电压均不得低于配电网络的额定电压。低压供电回路要尽量采用铜芯绝缘线。

（5）在爆炸危险场所内，所有工作零线的绝缘等级应与相线相同，并应在同一护套或管子内。绝缘导线应敷设在钢管内，严禁明敷。

（6）在火灾危险场所内，宜采用无延燃性外被层的电缆和无延燃性护套的绝缘导线，用钢管或硬塑料明、暗敷设。

（7）电力设备和线路在布置上应使其免受机械损伤，并应防尘、防腐、防潮、防日晒、防雨雪。安装验收应符合规范，并定期检修试验，加强运行管理，确保安全运行。

（8）正确选用保护和信号装置并合理整定，保证电气设备和线路在严重过负荷或故障情况下，都能准确、及时、可靠地切除故障设备和线路，或是发出报警信号。禁止电气设备带"病"运行。

（9）在爆炸和火灾危险场所内，电气设备的金属外壳应可靠接地或接零，以便碰壳接地短路时能迅速切断电源，防止短路电流产生高温高热引发爆炸与火灾。

（10）凡突然停电有可能引起电气火灾和爆炸的场所，要有两路及以上的电源供电，且两路电源之间应能自动切换。

◎ **相关链接**

防爆电气设备的类型很多，性能各异。按其使用环境的不同分为两类，Ⅰ类为煤矿井下用电气设备，Ⅱ类为工厂用电气设备。根据电气设备产生电火花、电弧和危险温度的特点，为防止其点燃爆炸性混合物而采取的措施不同，可分为以下类型。

（1）隔爆型（标志 d）。这是一种具有隔爆外壳的电气设备，其外壳能承受内部爆炸性混合物的爆炸压力，并阻止内部的爆炸向外壳周围爆炸性混合物传播。适用于爆炸危险场所的任何地点。

（2）增安型（标志 e）。该类电气设备在正常运行条件下不会产生电弧、电火花，也不会产生足以点燃爆炸性混合物的高温。在结构上采取多种措施来提高安全程度，以避免在正常和认可的过载条件下产生电弧、电火花和高温。

（3）本质安全型（标志 i）。该类电气设备通过采取一定的技术措施，将产生的电火花的能量限制得很低，使其不能引起周围爆炸性气体混合物的燃烧和爆炸。这些技术措施主要是控制电路的工作电压、电流以及恰当地选择电路中元件参数从而限制能量，并加入一些保护性措施迅速切断故障电路或吸收故障状态下电路释放的能量等以达到本质安全性能。

（4）充油型（标志 o）。该类电气设备全部或部分部件浸在油内，使设备不能点燃油面以上或外壳周围的爆炸性混合物。

（5）充沙型（标志 q）。该类电气设备在外壳内充填沙粒材料，使其在一定使用条件下壳内产生的电弧、传播的火焰、外壳壁或沙粒材料表面的过热均不能点燃周围爆炸性混合物。

（6）无火花型（标志 n）。该类电气设备在正常运行条件下不产生电弧、电火花、点燃周围爆炸性混合物的高温表面或灼热点，且一般不会发生有点燃作用的故障。

（7）气密型（标志 h）。该类电气设备外壳不会漏气，即环境中的爆炸性混合物不能进入电气设备内部，从而保证内部带电部分不会接触到爆炸性混合物。

（8）浇封型（标志 m）。该类电气设备将其中可能产生点燃爆炸性混合物的引火源（如电弧、电火花、危险高温）封在如合成树脂一类的浇封剂中，使其不能点燃周围可能存在的爆炸性混合物。实质上是将固化后的浇封剂作为电气设备外壳或外壳的一部分。

（9）特殊型（标志 s）。该类电气设备在结构上不属于上述任何一类，而是采取其他特殊防爆措施，如填充石英砂型的设备即属此类。

（10）复合型。该类电气设备是由几种相同防爆形式或不同防爆形式的防爆电气单元组合在一起的防爆电气设备。构成复合型电气设备的每个单元的防爆形式应满足《爆炸危险环境电力装置设计规范》（GB 50058—2014）的要求，其整体的表面温度和最小点燃电流应满足所在危险区中存在的可燃性气体或蒸气的温度组别和所在级别的要求。

（11）粉尘防爆型。该类电气设备结合面紧固严密，能有效防止爆炸性粉尘进入设备内部；表面光滑，粉尘不能在其表面沉积或极少沉积；设备的温升符合相应组别的混合物要求，使其不能引爆粉尘。

23. 如何控制和消除静电引火源?

静电火灾和爆炸事故的发生要同时具备以下四个条件，即有产生静电的条件，有足够的电荷积累和足以引起火花放电的静电电压，静电放电的火花能量达到爆炸性混合物的最小引燃能量，现场环境有易燃易爆混合物。进行静电火灾和爆炸事故防护时，应设法破坏静电火灾和爆炸事故发生的充分和必要条件。

（1）控制静电场合的危险程度。用非可燃物取代易燃物，降低爆炸性混合物在空气中的浓度。

（2）减少静电荷的产生。选择不容易起电的材料，控制物料流速；控制加料方式，从底部注液或将输液管接近容器底部；消除产生静电的附加源，采取措施防止液流喷溅、搅动等；根据带电序列选用不同的材料，使物料上形成的静电荷互相抵消。

（3）减少静电荷的积累。如静电接地、增湿、添加抗静电剂、采用静电消除器、静电缓和等措施。

（4）抑制静电放电和控制放电能量。使静电放电能量小于可燃物的最小引燃能量。

（5）防止人体静电。穿防静电鞋、穿防静电工作服、戴手套和帽子。产生静电场所的工作地面应是导电性的，如导电性水磨石、导电性橡胶等。用洒水的方法，使混凝土地面、嵌木胶合板湿润，使橡胶、树脂及石板的黏合面形成水膜，增加其导电性。在人体必须接地的场所，设金属接地棒，赤手接触接地棒，以导出人体静电。尽量不做与人体带电有关的事情，如不接近或接触带电体，在工作场所不穿、脱工作服，在有静电的危险场所操作、巡检不得携带与工作无关的金属物品。

（6）采用消除静电的新技术装备。如石油静电监测消除器、本安型人体静电消除器、导静电绳电阻检测仪、防静电型油品采样器、智能型静电接地器、防静电型高料位报警器等。

24. 如何控制和消除高温表面引火源？

高温表面一般是指在一定环境中，能够向可燃物传递热量，导致可燃物着火的具有较高温度的物体。生产中常见的高温表面有加热装置、高温物料输送管线、高压蒸汽管、电炉、大功率的照明灯具、烟囱表面、机动车排气管等。温度高、体积大的高温表面散发热量多，一般可引燃大部分气、液、固体可燃物质。高温表面引火源的控制和消除应采取以下措施。

（1）高温表面要有隔热保温措施。

（2）要防止易燃物料与高温的设备、管道表面相接触，对一些自燃点较低的物料尤其需要注意。

（3）不能在高温管道和设备上烘烤可燃物件。

（4）经常清除高温表面上的污垢和物料，防止因高温表面引起物料的自燃分解。

（5）可燃物料的排放口应远离高温表面。

25. 如何控制和消除热辐射引火源?

一切高温热源发射出的热辐射波，在某种条件下，都有引燃可燃物质的危险，这种热源非直接接触被引燃物所导致的燃烧现象，是火势发展蔓延的条件之一，也是热辐射构成引火源的特征。聚焦的太阳光线会引燃可燃物质；盛装可燃液体的容器受日光照射，会受热膨胀而爆裂；盛装液化石油气、压缩天然气的容器、钢瓶受烈日照射会因器内压力上升而发生爆炸。热辐射引火源的控制和消除应采取以下措施。

（1）采取遮挡、通风、冷却降温等措施。

（2）易燃物质的储运应保持阴凉、干燥且较为密闭的环境条件。

26. 如何控制和消除摩擦撞击引火源?

机器的运转部分由于润滑不良而摩擦生热，用铁质工具敲打设备或工具掉落混凝土地面撞击产生火星，铁质导管或容器突然爆裂造成摩擦起火，盖放易燃液体储罐的孔盖时过猛因摩擦、撞击产生火星，操作人员穿带钉的鞋走动摩擦打火等都会成为引火源。摩擦撞击引火源的控制和消除应采取以下措施。

（1）对机械的运转摩擦部位，要及时润滑或更换润滑油。

（2）经常保持机械的清洁，清除其表面的油污和可燃粉尘。

（3）机械设备可能发生摩擦撞击的部位应采用铅、铜、铝、铍青铜和铍镍等能防止产生火星的材料。

（4）粉碎、研磨可燃物料的设备，加工处理疏松材料的设备应安装磁铁分离器，以除掉物料中的铁杂质。

（5）搬运盛装可燃气体和易燃液体容器时，不得抛掷、拖拉，避免震动。

（6）易燃易爆场所内禁止穿钉子鞋，地面应用不发火材料建造。

27. 如何控制和消除绝热压缩引火源?

在不与外界进行热量交换的绝热状态下压缩气体，造成温度急剧升高，有时会成为引火源。例如，在高压气体管道，快速启闭阀门，阀门间管路中的气体会受到高压气体的压缩，由于时间很短，可近似看作绝热压缩，可能引燃阀门间管路中的可燃气体。绝热压缩的高温还会使阀门中耐热性差的密封材料发生热分解，导致泄漏或火灾爆炸事故。液态爆炸性物质如硝化二乙醇、硝酸甲酯等，熔融态炸药如梯恩梯、苦味酸，以及某些氧化剂与可燃物的混合物等，如果液体中含有气泡，由于气泡下落或受冲击而受到绝热压缩，其内部的气体温度瞬间升高，气泡便成了引火源。绝热压缩引火源的控制和消除应采取以下措施。

（1）尽量避免或控制可能出现的绝热压缩操作。

（2）处理液态爆炸性物质及氧化剂与可燃物的混合物时，应排除物料中夹杂的各类气泡，防止出现绝热压缩现象。

（3）高压气体管路上的两个阀门之间距离较短，而且留有空气时，应缓开气源一端的阀门，以防空气被绝热压缩引起高温，进而点燃管内可燃气体，或致使阀门、管路连接法兰的可燃密封件、易熔易分解件被点燃、熔化、分解。

（4）限制气流在管道中的流速，以防止绝热压缩造成异常升温。

◎ **血的教训**

某化学纤维厂曾把大量黏胶液从高处向反应器注入，由于黏胶液中含有气泡，绝热压缩产生的高温点燃了滞留在反应器底部的二硫化碳蒸气而发生爆炸事故。

28. 如何控制具有燃烧爆炸危险的工艺参数?

具有燃烧爆炸危险的工艺参数主要是指温度、压力、流量、液位及物料配比等。按工艺要求，严格将工艺参数控制在安全限度之内是实现安全生产的基本保证。

（1）操作温度的控制。及时移出反应热，防止搅拌中断，正确选择传热介质，防止传热面结焦。

（2）操作压力的控制。正确测量压力，控制或调节压力，设置泄压装置。

（3）投料的控制。包括投料量和速度的控制、投料配比的控制、投料顺序的控制和物料纯度的控制。

（4）副反应和过反应的控制。根据副反应和过反应产生的原因，控制其发生。

（5）液位的控制。设高液位和低液位报警，对危险物料还要设置危险报警和自动切除进料等连锁控制。对于易起泡沫的物料，设备结构要考虑设置打散泡沫的打沫桨。采用控制加料速度，降低物料黏度，加入少量消泡剂，降低其表面张力等工艺控制措施。

29. 易燃易爆危险物品允许生产的范围和条件是什么?

对易燃易爆危险物品，国家实行统一规划，严格控制和管理的制度。对于剧毒性易燃易爆化学危险品，乡、镇、街道企业和私营企业禁止生产；对氯酸盐类混合炸药，除需国家兵器工业管理部门和公安部门共同批准的外，一般企业禁止生产。不论什么企业，生产或使用易燃易爆危险化学品必须具备下列条件。

（1）生产、使用易燃易爆危险物品的建筑物和场所，必须符合国家相关法律法规以及专业防火技术规范的要求。

（2）生产、使用易燃易爆危险物品的场所应按标准要求安设防雷保护设施，电气设备必须符合国家电气防爆标准。易产生静电的生产设备与装置，必须按规定设置静电导除设施，并定期进行检查。

（3）生产设备和装置必须按国家有关规定设置安全阀、阻火器、水封、自动报警等消防安全设施，并定期保养与校验，保证质量合格。

（4）必须有严格的安全操作规程和严密的消防安全管理制度。

（5）从事易燃易爆危险物品生产和使用的作业人员，必须经过培训考核，取得上岗许可证。

30. 易燃易爆危险物品生产和使用中应遵守哪些基本防火要求？

（1）易燃易爆危险物品生产单位，应当设在本地区全年最小频率风向的上风侧，并选择在通风良好的地点，不得在居民区、供水水源和水源保护区，公路、铁路、水路等交通干线，自然保护区、畜牧区、风景名胜旅游区和军事设施周围 1 000 m 范围内规划和兴建。

（2）研制新的易燃易爆危险物品时，应同时研究其易燃性、爆炸性、氧化性和毒害性等机理，并对其闪点、自燃点、爆炸极限、爆炸威力、灭火方法和适用的灭火剂等进行检测和实验，通过实验对其火灾危险性、中毒危害性等做出科学评价。

（3）凡出厂的易燃易爆危险物品，必须有产品安全说明书。

（4）易燃易爆危险物品的产品包装，必须符合《危险货物运输包装通用技术条件》（GB 12463—2009）的要求，产品包装不合格不准出厂。

（5）对盛装易燃易爆危险物品的大型容器，应保持其所盛物品的专一性，不可随便改装他物。如因特殊情况需改装他物时，应进行清洗、置换，并经检验合格，办理审核批准手续后才可改装。对需要长期停用的盛装易燃易爆危险物品的容器，在停用前和重新使用前，都要进行清洗、置换、检验分析等安全处理。反应釜、反应塔、反应罐等压力容器还应符合国家有关压力容器的规定，并经常进行维护和检测。

（6）生产和使用易燃易爆危险物品的场所，应当根据危险物品的种类、性质设置相应的通风、防火、防爆、防毒、监测、报警、降温、防潮、避雷、防静电、隔离操作等消防安全设施。当使用汽油、煤油、乙醇、丙酮、乙醚、苯等易燃溶剂时，场所内部应有良好的通风。

39

（7）易燃易爆危险物品如因质量不合格，或因失效、变态、废弃时，要及时进行销毁处理。销毁处理应有可靠的安全措施，并须经当地消防救援机构和环保部门同意，禁止随便弃置堆放和排到地面、地下及任何水系。

（8）生产和使用易燃易爆危险物品的单位和个人，必须遵守消防安全制度和安全操作规程，严格用火管理制度。

31. 如何安全储存危险化学品？

（1）储存场所要求。国家对危险化学品储存场所的要求很多，一般要达到以下条件：储存危险化学品的建筑物不得有地下室或其他地下建筑。建筑物耐火等级、层数、占地面积、安全疏散和防火间距应符合国家有关规定。储存场所或建筑物内输配电线路、灯具、火灾事故照明和疏散指示标志，应符合安全要求。储存场所必须提供足够的自然通风或机械通风，防止可燃空气或有害空气的生成和积聚。通风的等级和类型取决于化学品的特性和储存及操作加工的方式。根据储存仓库条件安装自动监测和火灾报警系统。不准在储存危险化学品的库房内或露天堆垛附近进行实验、分装、打包、焊接和其他可能引起火灾的操作。库房内不得住人。

（2）标志要求。储存的危险化学品应有明显的标志，标志应符合相关国家标准的规定。符合条件的散装危险货物必须张贴警示标志，标志必须满足尺寸要求。必须提供正确的化学品名称、UN号（联合国《关于危险货物运输的协议书》对危险货物制订的编号）、危险编号、危险类别标签、次级危害标签等信息。

（3）分类储存。储存危险化学品时，应考虑其禁忌关系，对互为禁忌物的化学品通常采用隔离层或隔开一段距离，或在不同的房间内存放。遇火、遇热、遇潮能引起燃烧、爆炸或发生化学反应，产生有毒气体的危险化学品不得在露天或潮湿、积水的建筑物中储存。受日光照射能发生化学反应，引起燃烧、爆炸、分解、化合或能产生有毒气体的危险化学品应储存在一级建筑物中，包装应采取避光措施等。

（4）限量储存。每栋危险化学品仓库的储存量不得超过国家标准，堆垛不得过高、过密，堆垛之间以及堆垛与墙壁之间应该留出一定距离、通道及通风口。

（5）危险化学品管理。危险化学品出入库房前应进行检查、验收、登记。验收内容包括数量、包装、危险标志等。危险化学品入库时，应严格检验其质量、数量、包装情况，有无泄漏等。入库后的危险化学品在储存期内，应定期检查，发现其品质变化、包装破损、泄漏、稳定剂短缺等，应及时处理。危险化学品库房的温度、湿度应严格控制，经常检查，发现变化及时调整。

（6）储存场所信息资料。储存场所应保存化学品纸质清单，而且必须提供场所内化学品最新资料，清单中应包括以下内容：场所应急联系方式（包括联系人姓名、职位和联系电话等），每种危险化学品的名称、危险类别、次级危害和包装类别等，每种危险化学品的存放区域，UN 号和存放数量，非危险化学品的相应资料等。同时，利用计算机建立储存场所危险化学品的电子档案，便于核查和监控。

（7）废弃物品处理。在危险化学品储存区域内禁止堆积可燃废弃物品。泄漏和渗漏化学品的包装容器应迅速移至安全区域。按化学品特性，用化学的或物理的方法处理废弃物品，不得任意抛弃、污染环境。

（8）管理人员培训。对危险化学品储存仓库工作人员应进行培训，经考核合格后持证上岗。仓库的消防人员除了具有一般消防知识之外，还应进行危险化学品知识的专门培训，熟悉各区域储存的危险化学品的种类、特性、储存地点事故的处理顺序及方法。

（9）应急预案制定与演练。根据危险化学品仓库所涉及危险化学品储存的具体情况，制定切合实际的应急预案，同时，对预案的核心内容要组织相关人员定期演练，提高应急能力。

（10）危险化学品普查。对各工作区域的危险化学品进行普查和审核。内容包括储存或使用危险化学品的名称、危险化学品的类别及危险性分类、危险化学品的数量、危险化学品的危害程度、配备的个体防护用品、职工培训信息、事故发生时应采取的应急措施等。

32. 夏季如何防范危险化学品事故？

夏季是一年中气温最高的季节。炎热的气候条件对危险化学品的安全储存威胁很大，温度升高会使危险化学品体积增大，压力增大；会使液体危险化学品的蒸发速度加快；会加速危险化学品的氧化分解和自燃。因此，危险化学品火灾也多发生在炎热的夏季。夏季防范危险化学品事故，关键是要防热降温。具体措施主要有：

（1）要有合格的危险化学品仓库。危险化学品仓库应采用不导热的耐火材料做屋顶和墙壁的隔热层，屋檐要适当加长，以避免阳光直射入仓库；库墙要适当加厚，常开窗，采用间接通风洞，设置双层门和双层屋顶。

（2）要严格控制温度。为仓库设储水屋面或在仓库屋面上设置冷却水管，气温在 30 ℃以上时喷水降温，使仓库内温度保持在 28 ℃以下。在仓库屋顶铺石麻袋，能增加屋顶的隔热性能，也可将仓库屋顶、外墙和窗户玻璃涂成白色，利用白色对阳光的反射作用，减少辐射热的吸收，达到降温的目的。有条件的仓库可安装空调进行降温。有的仓库可在早晚开窗通风，放进冷空气，中午关闭门窗，防止热空气进入。

（3）对露天堆场和储罐采取降温措施。桶装的易燃液体应放在建筑物内，以防阳光直接照射，在特殊情况下需要临时露天存放的，应采用不燃材料搭建遮阳棚。储罐顶部应设置降温装置，在气温达到 30 ℃以上时，开启冷却水泵进行喷淋降温。储罐或桶内一般只盛装容积的 90%～95%，留有 5%～10%的空间，这样能防止危险化学品受热膨胀而发生燃烧或爆炸事故。

（4）应有防雷设施。危险化学品仓库一般设在单位或城市的边

42

缘地区，与周围的其他建筑物保持一定的距离。这样仓库周围就形成了空旷地带，容易遭受雷击，因此危险化学品仓库要安装避雷装置，以防止雷击而引发火灾事故。

（5）加强管理。危险化学品仓库的管理人员要定时对仓库进行巡查，发现问题及时解决，确保安全。

33. 易燃易爆危险物品道路运输工具应具备哪些防火条件?

（1）运输工具的种类应符合所运危险物品的要求。根据《道路危险货物运输管理规定》（中华人民共和国交通运输部令第42号）的要求，全挂汽车列车、拖拉机、三轮机动车、非机动车（含畜力车、自行车等）和摩托车不准装运爆炸品、一级氧化剂、有机过氧化物，拖拉机不准装运压缩气体和液化气体以及其他一级易燃物品，自卸车辆不准装运除散装的硫黄、萘酐、粗萘、煤焦沥青等二级易燃固体之外的危险物品。

（2）排气管必须安装有效的隔热和熄灭火星的装置。允许装运危险物品的机动车，其排气管必须加戴火星熄灭器（防火帽），以防止喷火引起火灾。装运易燃液体、可燃气体的罐（槽）车，其排气管应由发动机引至驾驶室左前方，出口与槽罐及泵液系统的距离不得小于1.5 m，并戴火星熄灭器，以减少易燃气体、蒸气与火星的接触机会。

（3）应有防止摩擦打火的措施。运输易燃易爆危险物品的车厢底板应平整无损，周围拦板必须牢固，厢内黑色金属部分应用木板垫好，裸露的铁钉用橡胶覆盖，以免铁器碰击、摩擦产生火星，有条件的最好用铝板或橡胶板衬垫，但不得使用谷草、草片等松软的易燃材料。

（4）槽、罐应具有足够的强度和齐全的安全设施及附件。装运易燃易爆危险物品的槽、罐，应与所装危险物品的性能相适应，并具有足够的强度。应根据不同货物的需要配备泄压阀、防波板、遮阳物、压力表、液位计、过滤阀、紧急切断阀等相应的安全装置。槽、罐的外部附件应有可靠的防护设施，保证所装货物不发生"跑、冒、滴、漏"等现象，并在阀口处装置积漏器。

（5）应有防止电火花和导除静电的设施。车辆的电路系统应有切断总电源和隔离电火花的安全装置。各种电气元件和导线，必须连接可靠，屏蔽良好，以保证不产生电火花。车辆应有可靠的防止和消除静电火花的安全装置，应设有接地线圈盘，地线应柔韧，拉开和回收方便，地线插钎易于插入潮湿的地内，在槽罐的底部应设置性能良好的导静电拖地装置；金属管路中任意两点间或任意一点到地线插钎末端、罐槽内部导电部件上及拖地胶带末端的导电通路电阻值，以及加油软管两端的电阻值，均不应大于 5 Ω。

（6）设置规定的危险物品标志。道路运输危险货物车辆的标志由磁吸式三角形顶灯和矩形标牌两部分组成，两部分标志必须同时安装在规定的位置上。对于运输易燃易爆危险物品的罐（槽）专用车和活动固定罐车辆，无论罐（槽）内有无危险物品，都必须安装以上两部分标志。

（7）配备应急灭火和安全防护器材。运输危险物品的车辆应根据所装危险物品的性质配备相应的灭火器材和捆扎、防水、防散失等用具，以及防雨、雪的篷布和车轮的防滑链。灭火器的配置不应少于两具。

（8）车辆的技术状况必须处于良好状态。运输易燃易爆危险物品的车辆，方向操纵必须灵活好用，制动必须可靠，各种指示灯必须启闭有效，不能有任何影响安全行车的故障存在，技术上能保证行车的安全。

34. 易燃易爆危险物品的装卸有哪些基本安全要求?

（1）装卸易燃易爆危险物品的机械设备应符合防火防爆标准，所用工具应为不产生火花的有色金属，电瓶车等应有防止电瓶打火的措施，装卸人员不准穿有铁钉的鞋和能产生静电的服装。

（2）装卸危险物品的人员应了解和掌握所运危险物品的理化性质、主要危险特性及事故应急措施，并经消防安全培训合格，持证上岗。

（3）在装车前，装卸人员应对车辆的安全技术状况进行检查，并清理车厢内的残留物。

（4）车辆进入危险物品装卸作业区，应听从作业指挥人员的指挥，车辆与货垛之间应留有安全距离。

（5）在装卸过程中，车辆的发动机必须熄火，并切断总电源。

（6）装卸时，应根据危险物品的种类、体积、质量、件数的情况和包装上储运图示标志的要求，轻拿轻放、谨慎操作，严防跌落、摔碰，禁止撞击、拖拉、翻滚、投掷。当需用两块苫布覆盖时，中间接缝处应有大于 15 cm 的重叠覆盖，而且车厢前半部苫布应压在后半部苫布之上。

（7）装卸易燃易爆危险物品时，装卸地点 50 m 以内应划为禁火区域。

（8）对于碰撞、相互接触容易引起着火、爆炸或其他危险的物品，以及化学性质或防护、灭火方法相互抵触的危险物品，不得违反配装限制混合装运。

（9）在装卸易燃易爆危险物品过程中如遇雷电、雨雪天气或附近有火灾时，应立即关闭车厢门，停止作业。

（10）在整个装卸过程中，驾驶员、押运员应负责监装监卸，办理货物交换签证手续时要点收、点交。

35. 危险化学品运输应遵守哪些消防安全规定？

（1）国家对危险化学品的运输实行资质认定制度，未经资质认定，不得运输危险化学品。

（2）用于危险化学品运输工具的槽罐以及其他容器，必须由专业生产企业定点生产，并经检测、检验合格，方可使用。

（3）运输危险化学品的槽罐以及其他容器必须封口严密，能够承受正常运输条件下产生的内部压力和外部压力，保证危险化学品在运输中不发生泄漏。

（4）危险化学品的运输人员必须掌握危险化学品运输的安全知识，取得上岗资格证，方可上岗作业。运输危险化学品，必须配备必要的应急处理器材和防护用品。

（5）通过公路运输危险化学品，托运人应当向目的地的县级人民政府公安部门申办危险化学品公路运输通行证，并且托运人只能委托有危险化学品运输资质的运输企业承运。

（6）通过公路运输危险化学品，必须配备押运人员，不得超装、超载，不得进入危险化学品运输车辆禁止通行的区域，确实需要进入禁止通行区域的，要事先向当地公安部门报告，由公安部门制定行车时间和路线。

（7）禁止利用水路内河以及其他封闭水域等航运渠道运输剧毒化学品以及国务院交通部门规定禁止运输的其他危险化学品。剧毒化学品在公路运输途中发生被盗、丢失、流散、泄漏等情况时，承运人员及押运人员必须立即向当地公安部门报告，并采取一切可能的警示措施。

（8）运输危险化学品的船舶及其配载的容器必须按照国家关于船舶检验的规范进行生产，并经国家管理机构认可的船舶检验机构检验合格，方可投入使用。

（9）托运人托运危险化学品，应当向承运人说明运输危险化学品品名、数量、危险特性、应急措施等情况。运输危险化学品需要添加抑制剂或者稳定剂的，托运人交付托运时应当添加抑制剂或稳定剂，并告知承运人。

（10）运输危险化学品途中需要停车住宿或者遇有无法正常运输的情况时，应当向当地公安部门报告。

36. 爆炸品的防火安全措施有哪些?

（1）建筑防火安全措施。爆炸品的生产厂址、库址应选在远离城市和人烟稀少的空旷地带、山区、丘陵地区。厂址、库址距周围的重要道路、桥梁、港口码头、机场、重要建筑区和居住区以及厂区、库区内厂房、库房之间必须保持足够的安全距离。厂房、库房建筑应符合有关规范要求，依据建筑物危险等级分类和生产、储存的爆炸品的特性，选择相应的框架结构、屋顶、门窗、地面。有爆炸危险与无爆炸危险的厂房、库房之间，要设置防爆墙、壁障等，阻止爆炸飞散物、火焰和冲击波的袭击。生产中易发生事故的工房应采用抗爆小室，抗爆小室的墙体应是抗爆结构，抗爆小室的轻型泄压窗外还应修建抗爆小院，以防止爆炸事故伤害室外人员。

（2）生产防火安全措施。爆炸品的生产应尽量采用先进技术，尽可能减少操作人员或实行无人操作。依据爆炸品及生产原料的危险特性，采取相应的安全措施。严格按照生产操作规程规定的各种参数操作，严防超温、超压、反应速度过快及副反应的发生。对不好控制、容易发生危险的设备应设置参数控制、紧急事故控制及灭火设施。危险作业应有隔离防护，以保证爆炸时操作人员的安全。视孔要尽量小，视孔玻璃应有足够的强度，并应牢固安装在靠近爆炸品的一面。密闭设备应有足够的泄爆孔。危险性较大的设备应采取装甲防护、防护板等防爆设施。机械设备应保持完好，机构应尽量简单、光滑；使用的工具、设备的零部件，应采用摩擦撞击不产生火花、不与爆炸品发生化学反应的材料制成；机械传动设备应加密封罩；正确选择设备的润滑油，凡与爆炸品性质相抵触的，应采取隔离密封措施。应根据爆炸品的性质、生产状况、危险程度，依据规范进行电气设计，采取必要的防雷措施。爆炸品生产的作业人员必须熟知产品性质、设备性能和防火防爆安全知识，能熟练操作、正确使用消防安全设备设施。

（3）储存防火安全措施。堆放爆炸品时，要做到稳定、整齐，便于搬运。限量储存，最大储存量应按《民用爆炸品工程设计安全标准》（GB 50089—2018）或《地下及覆土火药炸药仓库设计安全规范》（GB 50154—2009）有关规定严格执行。分类储存，严禁爆炸品与氧化剂、自燃物品、酸、碱、盐类、易燃可燃物、金属粉末和钢铁材料器具等同库储存。敏感度高的起爆药、起爆器材不得与炸药、导爆索同库储存；失效的爆破器材和半成品以及不合格品、废品等不得与合格品同库储存。硝酸铵和梯恩梯等爆炸品对铜、锌、铝、铁、铅等敏感性很强，这些金属容器严禁盛装三硝基苯酸（苦味酸）、苦味酸钠、三硝基苯甲醚等爆炸性物品。严格控制库房内的温度在 15～

30 ℃，相对湿度一般不超过 70%，最高不超过 75%。库房应保持良好通风。包装损坏的爆炸品，应整修符合要求后方可入库，严禁在库房内改装打包，库房内不准使用铁质或容易产生火花的金属工具。应建立严格的安全管理制度，如出入库登记制度、安全检查制度、安全操作制度等，上岗人员应经过安全培训。

（4）运输防火安全措施。运输爆炸品车辆的车厢、底板必须平整完好，周围挡板必须牢固，铁质底板装运爆炸品时应采取衬垫防护措施。车厢内不得残留酸、碱及油脂等杂物。车辆必须有隔热和熄灭火星装置，车内的装卸工具必须有消除产生火花的措施。车辆要标有明显的爆炸品标志。运输爆炸品应持有到、发两地县、市公安部门签发的爆炸品准运证，驾驶员和押运员应持有危险化学品操作证，应具有熟练的驾驶技能和爆炸品危险常识及防、灭火知识。装卸和搬运爆炸品时，必须轻装轻卸，严禁摔、滚、翻、抛以及拖拉、摩擦、撞击，机械装卸作业时必须防止爆炸品剧烈晃动、碰撞、跌落，机械设备不得产生火花。爆炸品运输不得超高、超重，货物堆装不得超过1.8 m。运输过程中应依据爆炸品的性质采取相应的遮阳、防潮、防震等防火防爆措施。

37. 销毁易燃易爆危险化学品有何消防安全规定？

有关单位和部门处置废弃易燃易爆危险化学品，应当依照《中华人民共和国固体废物污染环境防治法》和国家有关规定执行。处置方案应当报所在地设区的市级人民政府负责危险化学品安全监督管理综合工作的部门和同级环境保护部门、公安部门备案。禁止随便废置堆放和排到地面、地下及任何水系。公众上缴的易燃易爆危险化学品，由公安部门接收。公安部门接收的易燃易爆危险化学品和其他部门收缴的易燃易爆危险化学品交由环境保护部门认定的专业单位处理。

38. 进入易燃易爆危险物品场所有何消防安全规定？

生产、储存易燃易爆危险物品的场所属于爆炸危险场所，按照爆炸性混合物出现的频度、持续时间和危险程度又可划分为不同危险等级的区域。根据《爆炸危险环境电力装置设计规范》（GB 50058—2014），在这类场所使用的电气、工具等必须是防爆型的，避免出现火花，以确保安全。进入生产、储存易燃易爆危险物品场所的所有机动车辆，必须安装防火罩，电瓶车、铲车也必须装有防止火花溅出的安全装置或是防爆型的。进入生产、储存易燃易爆危险物品场所的人员必须登记，交出火种。装卸易燃易爆危险物品时，作业人员不得穿戴容易产生静电的工作服、帽和使用容易产生火花的工具，对易产生静电的装卸设备要采取消除静电的措施，严格禁止人员携带火种进入上述场所。严格禁止人员携带易燃易爆危险物品进入公共场所或者乘坐公共交通工具，以保障公共场所和公共交通工具的安全。

◎ 相关链接

公共场所主要指车站，码头，学校，医院，宾馆、饭店，商场，影剧院，歌舞厅，体育馆，会堂，候机、车、船厅等。公共交通工具主要指用于旅客运输且正在运营中的车辆、船只、航空器等机动和非机动交通工具，包括火车、公共汽车、电车、机动和非机动船只、民航客机和地铁列车、高架城铁列车、磁悬浮列车等城市轨道交通车辆等。

39. 购买、运输、储存、燃放烟花爆竹应注意哪些安全问题？

（1）购买烟花爆竹应注意：

1）看销售点的正规性。在购买烟花爆竹时，应在具有《烟花爆竹经营（零售）许可证》的正规零售点购买，不要到无证摊点、骑车兜售的不法商贩处购买。

2）看产品的等级。根据国家标准规定，烟花爆竹按照产品的药量及构成的危险性分为 A、B、C、D 四级，普通消费者一般应选购药量相对较少、危险性相对较低的 B、C、D 级产品，不要购买具有伤害性的礼花弹等大型烟花爆竹。

3）看产品的种类。烟花爆竹根据不同的标准有不同的分类，普通消费者应选购筒体结实、厚度符合要求、引火线必须是安全引线的产品，不宜选购组合盆花很大、高而细、单发药量较大的产品。

4）注意产品的外观和标识。应选购外观整洁，无霉变，完整未变形，无漏药、浮药的产品。产品标识标志应完整、清晰，燃放说明应清楚。

（2）运输和储存烟花爆竹应注意：

1）运输烟花爆竹的车辆，应使用汽车、手推车，禁止使用翻斗车和各种挂车，运输时遮盖要严密。手推车、板车的轮盘必须是橡胶制品，机动车要低速行驶。运输中不得抢道。不得用公共交通工具载运烟花爆竹。

2）如果是家庭燃放的烟花爆竹，存放时间尽可能短，数量尽可能少。烟花爆竹运到家后，要装入纸箱或木箱，放置于没有烟火的房屋或阳台，并注意通风和防潮、防腐、防虫鼠咬，远离明火和热源。

（3）燃放烟花爆竹应注意：

1）燃放烟花爆竹要遵守当地政府有关的安全规定。

2）燃放前，燃放者应认真阅读烟花爆竹上标注的注意事项。

3）所有的烟花爆竹产品都应在室外燃放，且严格按照产品上的说明选择符合要求的燃放场地。特别提醒应远离法规规定的禁放区域，不要在不具备安全条件的燃放场所燃放，如棚户区、楼梯口、小弄堂、加油站、变电站、高压线、燃气调压站和草场、山林附近等。在农村地区燃放烟花爆竹应远离工厂、仓库、农贸市场、易燃屋区、粮囤柴垛等易燃易爆场所。

4）燃放烟花爆竹要保持警觉、清醒的头脑。意识不正常或饮酒后，不要燃放烟花爆竹。

5）点燃方式。确定点火部位，侧身点燃后立即撤离到安全位置，严禁身体任何部位正对产品的燃放轨迹方向。

6）分类产品的燃放要点。燃放喷花类礼花与组合烟花时要将其稳固地竖立在平整、坚硬的地面上，筒口向上。点燃引线后，立即撤离到安全的地方观赏。燃放吐珠类烟花时，最好用两块砖或其他坚硬沉重之物，将其夹紧与地面成 70°~80° 角固定好燃放。若确需手持燃放时，应用食指、中指、拇指三指掐住花筒尾部，避免底部朝向手心，点火后伸直手臂，火口朝天尾部朝地向天空发射，严禁对人或物发射，严禁射向房屋和阳台。燃放升空类烟花时，应成 75° 角插入木槽、钢管中，不要太紧，并远离人群与易燃物燃放，不要拿在手上。点燃引线迅速离开。这类产品能高速、远距离运行，不正确燃放会导致人身伤害或火灾。燃放地面旋转及旋转升空类烟花，要注意周围环境，并选择放在平滑的地面上，点燃引线后立即退到安全的地点观赏。燃放手提烟花时，应用小竹竿吊住线头，点燃后手臂伸直，切勿靠近身体。燃放钉挂转轮烟花时，应先取出铁钉，将烟花钉牢在墙上或木板、木柱上，用手拨动烟花待其能旋转自如时即可点燃引线，退到安全的地方观赏。鞭炮应在室外空旷的地方吊挂燃放，不要拿在手中燃放。

7）出现异常情况，如熄火，不要冒失再次点火，不要马上靠近观察，一般 15 min 后再去处理较为安全。

8）燃放后应仔细检查现场，及时清理余火、残片、碎纸。

40. 锅炉操作需采取哪些防火防爆安全措施？

锅炉是一种具有高温高压的特种热力设备，存在一定的爆炸危险。因此，锅炉工在作业时要注意防火防爆。

（1）锅炉房应为单层一、二级耐火等级的建筑。

（2）敷设在油管法兰和阀门附近的蒸汽管道，应有完整的保温层，保温层应用非燃烧材料，并在保温层外面包裹铁皮。

（3）在蒸汽管道或炽热体附近的油管法兰，应在外面加装金属罩壳，以防燃油溅到蒸汽管道和炽热体上起火。

（4）要控制油、气管道保温层外部的温度，当室内温度在 25 ℃时，蒸汽管道保温层表面的温度不应超过 50 ℃，燃油管道保温层表面的温度不应超过 35 ℃。

（5）锅炉房应备有带盖的铁箱（桶），专门放置擦拭设备的油纱头和抹布。

（6）锅炉工在启动锅炉前，应对锅炉的燃油、燃气、燃煤系统及各种安全附件进行检查，防止漏油、漏气等，平时应做好常规维护和保养。

（7）锅炉房内严禁堆放易燃、可燃物品，为防止燃油、燃气、燃煤系统（包括阀门、法兰等）发生故障，人孔应加装防火板。

（8）锅炉房内除应设置消火栓和水带外，还应视具体情况设置泡沫或蒸汽灭火设备、设施。

41. 压力容器操作和管理需采取哪些防火防爆安全措施？

压力容器是一种具有爆炸危险的特种设备，在工厂企业中广泛应用，必须加强安全管理。

（1）建立压力容器技术档案。包括压力容器原始技术资料、安全装置技术资料和使用情况记录资料。

（2）建立压力容器管理与操作责任制。包括压力容器管理人员的主要职责、压力容器安全操作规程。安全操作规程包括：最高工作压力，最高（或最低）工作温度，开停车的操作程序和注意事项，压力容器运行中应重点检查的项目和部位，可能出现的异常现象及其判断方法和应采取的紧急措施，压力容器停用时的维护和检查事项。

（3）操作人员持证上岗。压力容器使用单位应对操作人员进行专项培训，培训合格后持证上岗。

（4）异常情况处理。压力容器在运行过程中，如果突然发生故障，严重威胁安全，出现爆炸危险时，操作人员应立即采取紧急措施，并报告有关部门和人员。压力容器在运行中出现下列情况之一时，应立即采取紧急措施：操作压力或壁温超过操作规程规定的极限值，而且采取调控措施后仍无法控制，并有继续恶化的趋势；压力容器的承压部件出现裂缝、鼓包、变形、焊缝或可拆连接部位出现泄漏等缺陷，危及压力容器安全；安全附件失效；接管、紧固件损坏，难以保证安全运行；操作岗位发生火灾，威胁压力容器的安全操作；过量充装；压力容器液位超过规定值，采取措施后仍不能得到有效控制；压力容器与管道发生严重振动，危及安全运行；其他异常情况。

（5）压力容器的维护保养。防腐层应保持完好。消除产生腐蚀的因素。消除压力容器的"跑、冒、滴、漏"现象。加强压力容器在停用期间的维护，停用的压力容器必须将内部的介质排除干净，要注意防止压力容器内的"死角"积存腐蚀性介质，保持压力容器的干燥和洁净，防止大气腐蚀。

（6）压力容器检验与检修。在检验或检修压力容器前，压力容器与其他设备的连接管道必须彻底切断。检验或检修压力容器时，如需要卸下或上紧承压部件，必须将容器内部的压力排净以后才能进行。工作介质为有毒或易燃气体的压力容器，检验或检修前应先进行妥善处理。压力容器作耐压试验或气密性试验时，各连接紧固件必须齐全完整。压力容器在检验或检修后，在投入运行前必须彻底清理，特别要防止容器或管道内残留有可能与工作介质发生化学反应或能引起腐蚀的物质。

42. 气瓶操作需采取哪些防火防爆安全措施？

气瓶是小型移动式压力容器，不但具备一般压力容器的共性，又因其具有体积小、流动性大、数量大、介质单口进出、使用和充装条件恶劣、没有固定的使用地点、一般也没有专职的使用操作人员、管理比较复杂等特点，较容易发生爆炸着火事故。要保证气瓶操作安全，除满足压力容器操作的一般要求外，还有一些特殊的要求。

（1）气瓶充装前的检查与处理。包括确认气瓶的制造厂，确认检验期限，检查气瓶颜色、字样和色环，判别气瓶的公称工作压力级别，检查气瓶的安全附件，检查瓶内余压，检查气瓶的外观，测定乙炔瓶内丙酮量。

（2）气瓶的充装。充装计量装置必须经检验合格，气体质量应符合要求，防止过量充装，控制充装速度，控制气瓶温度，防止充气过程中发生泄漏，防止静电积聚。

（3）充装后的防火要求。气瓶充气后应静置一段时间，复验充装量，按规定抽查瓶内气体质量，逐瓶检漏，填写充装记录。

（4）气瓶储存的防火要求。气瓶应置于专用仓库储存，气瓶库应符合《建筑设计防火规范（2018 年版）》（GB 50016—2014）要求，采用二级以上防火建筑。与明火或其他建筑物应有符合规定的安全距离。易燃、易爆、有毒、腐蚀性气体气瓶库的安全距离不得小于15 m。气瓶库应通风、干燥，防止雨（雪）淋、水浸，避免阳光直射，要有便于装卸、运输的设施。库内不得有暖气、水、煤气等管道通过，也不准有地下管道或暗沟。照明灯具及电气设备应为防爆型。地下室或半地下室不能储存气瓶。妥善存放，实瓶一般应立放储存。卧放时，应防止滚动，瓶头（有阀端）应朝向一方。垛放不得超过 5 层，并妥善固定。气瓶排放应整齐，固定牢靠。数量、号位的标志要明显。要留有通道。储气的气瓶应戴好瓶帽，最好戴固定瓶帽。隔离存放，空瓶、实瓶应分室储存。盛装有毒气体的气瓶，或所装介质互相接触后能引起燃烧、爆炸的气瓶，必须分室储存，如氧气瓶与液化石油气瓶，乙炔瓶与氧气瓶、氯气瓶不能同储一室。限期储存，实瓶的储存数量在满足当天使用量和周转量的情况下，应尽量减少储存量，盛装易引起聚合反应或分解气体的气瓶，必须规定储存期限。加强气瓶库消防管理，气瓶库应有运输和消防通道，设置消火栓和消防水池。在固定地点备有专用灭火器、灭火工具和防毒用具。气瓶库有明显的"禁止烟火""当心爆炸"等各类必要的安全标志。

（5）气瓶运输的防火要求。严格遵守危险物品运输相关法规规定。运输中防止冲击和振动。采取隔离措施。瓶内气体相互接触可引起燃烧、爆炸、产生毒物的气瓶，不得同车（厢）运输；易燃、易爆、腐蚀性物品或与瓶内气体起化学反应的物品，不得与气瓶一起运输。防止气瓶受热或着火。气瓶运输时不得长时间在烈日下暴晒。装有液化石油气的气瓶和装有乙炔气的气瓶不应长途运输。运输气瓶的车辆严禁烟火，应配备灭火器，运输有毒气体气瓶的车辆还应配备防毒用具。

（6）气瓶使用的防火要求。使用气瓶者应学习气体与气瓶的安全技术知识，在技术熟练人员的指导监督下进行操作练习，合格后才能独立使用。使用前应检查确认气瓶和瓶内气体质量完好，方可使用。气瓶使用时一般立放，乙炔瓶严禁卧放。可燃与助燃气体气瓶之间距离不得小于 10 m。按规定正确、可靠地连接气瓶与用气设备，检查确认无漏气现象。开启瓶阀应轻缓，防止附件升压过快产生高温，操作者应站在阀出口的侧后方；关闭瓶阀应轻而严，不能用力过大，避免关得太紧、太死。对可燃气体的气瓶，不能用钢制工具等敲击，防止产生火花。瓶阀冻结时不准用火烤，可把气瓶移入室内或温度较高的地方或用 40 ℃ 以下的温水浇淋解冻。瓶内气体不得用尽，应留有不低于 0.05 MPa 剩余压力。气瓶操作人员严禁穿化纤服装和绝缘性高的鞋袜。使用中的气瓶应防止阳光暴晒；远离火源及高温区；距离明火不应小于 10 m；严禁用温度超过 40 ℃ 的热源对气瓶加热；使用易起聚合反应的气体的气瓶，应远离射线、电磁波、震动源。气瓶帽、防震圈、瓶阀等附件要妥善维护、合理使用。应保持气瓶及附件清洁、干燥，禁止沾染油脂、腐蚀性介质、灰尘等。气瓶使用完毕，要送回瓶库或妥善保管。气瓶使用单位不得自行改变充装气体的品种、擅自更换气瓶的颜色标志。

43. 化学反应器操作需采取哪些防火防爆安全措施？

化学反应器是用来进行物质化学反应的一类容器设备，常见的有反应器、发生器、反应釜、分解塔、合成塔、聚合釜等。反应容器内的大多数反应是在高温、高压，甚至超高压条件下进行的，参与反应的原料以及催化剂多为易燃、易爆的物质，反应过程中稍有不慎就会引发火灾和爆炸，事故发生率高。加强对化学反应器火灾爆炸事故的研究，预防此类事故的发生十分重要。

（1）全面识别、评价危险性化学反应。掌握危险性化学反应的危险特性，任何能引起温度、压力、浓度变化的因素都必须要考虑在内。强放热反应的生产工艺规程需要经专门的科研和设计单位审定。操作人员必须熟悉生产工艺规程、操作条件，包括原料、中间产品和成品的反应危险性，以及发生反应失控的危害及其防范措施。

（2）保证容器的耐压强度。压力容器应严格按照设计、制造工艺进行生产，消除焊接等质量上的缺陷。压力容器在使用过程中要防止由于腐蚀等原因造成器壁变薄，耐压强度降低。压力容器要定期进行探检、维修、耐压试验，确保容器的耐压强度。

（3）防止发生反应失控。按规定严格监测和控制反应器内的温度、压力、物料组成、投料量和投料顺序等，以使反应保持正常。严格检验原料、中间产品以及成品质量，保证其纯度和含量，清除有害性杂质。

（4）抑制物料混合气的爆炸危险性。在爆炸极限范围之内进行的反应，空气或氧气与反应原料的混合器宜放在反应器进口附近，确保原料气混合后立即进入反应器反应，减少可能发生爆炸的空间。采取原料气和氧气或空气分别进料方式，以避免爆炸性混合物的形成。在接近爆炸极限条件下进行的反应，应严格控制原料气与空气或氧气的混合比例。生产装置要有自动化控制仪表、组分分析仪和安全联锁报警装置。对于具有可燃气体或易燃液体蒸气的反应容器，进料前必须用惰性气体置换。反应完毕后同样需要用惰性气体置换容器内的可燃气体，才能放入空气。置换必须彻底。从反应容器中卸料时，宜采用真空卸料。装卸料口开启时，应采取密闭措施，如果做不到，应安装移动式的排气罩进行通风。

（5）及时清理设备管路内结焦。要定期清除设备内的污垢、焦状物、聚合物等，以保证设备传热良好，并防止其堵塞设备管道和发生自燃。清除方法为用水冲刷器壁表面和管道，用氮气或水蒸气吹扫，不得使用铁质工具或金属条。清理出来的污物必须送至安全地点妥善处理。

（6）防止水漏入反应器。反应器的夹套和蛇管冷却系统的水位和水压应略低于器内的液位和液压。在排水管可安装自动电导报警器，以及时发现反应器的裂纹或孔洞。

（7）控制和消除引火源。反应器、管道、器具应采用导体连成一体，再进行接地，接地线必须连接牢靠，有足够的机械强度，并定期检查。液体物料的输送，还应通过控制流速限制静电的产生。电气设备应符合防爆要求。

（8）配置安全系统。反应器应设置防事故自动联锁系统。设备上安装安全阀。对于不宜安装安全阀或危险性较大的设备，可安装爆破片。低压系统与高压反应器的连接处应设单向阀。反应器应备有事故排放设施。在物料进入反应器之前的管道上，应安装液封或砂封等阻火设备。反应生产岗位应配备氮气和水蒸气半固定灭火装置。

44. 气体压缩输送设备操作需采取哪些防火防爆安全措施？

气体压缩输送设备在生产中应用十分广泛，不仅用于输送气体，有时还用于创设必要的反应和操作条件，如高压、真空、气动控制等。由气体压缩输送设备引发的火灾爆炸事故时有发生，防火防爆问题不容忽视。

（1）采用符合生产工艺要求的压缩输送设备。应根据压缩输送物料的化学性质和工艺条件要求，采用相应的设备。压缩输送乙炔的压缩机，与乙炔接触的部件不允许用铜质制造，以防产生危险化合物。

（2）防止形成爆炸性气体混合物。要确保压缩系统的高度密封性，尤其是导管的入口处连接要严密无漏，经常对系统进行检查诊断，如气体泄漏检测、密封压力差检测、密封油的喷淋量和工艺过程的压力、温度变化等的检测；对于一些极易因腐蚀或疲劳断裂的部件，如多级缸之间、气缸与机身之间的连接螺纹，要加强管理和随时检查，有缺陷及时更换，保持受压元件的强度和密封性能，杜绝"跑、冒、滴、漏"等现象。压缩机吸入口应保持一定的余压，如进气口压力偏低，压缩机应减小吸入量或停车。当压缩机发生抽负事故时，必须打开入口阀，注入氮气等惰性气体，置换压缩系统内部的空气。在正常运行中，要加强与前面工序的联系，及时按照进气压力的变化调节系统，保持进气压力在允许范围内，严防出现真空状态。

（3）保证设备润滑良好。在选择润滑油时，要根据所压缩的介质气体性质，选择闪点高、氧化后析碳量少的高级润滑油。注油量要适当，维持正常的油面高度。经常检查机油压力和温度。定期进行油质分析，更换新油，更换滤清器滤芯，清洗油路。检查、分析设备的磨损情况。

（4）防止气缸内温度过高。应采用先进的水质处理工艺，保证冷却水的质量。压缩机在运行中不能中断冷却水，定期清除污垢，保证冷却水水路畅通。密切注意吸、排气压力及温度、排气量、冷却水温度等各项控制指标。如果冷却水中断后，冷却器温度已升高，此时即使冷却水恢复，也不能急于通水，以防发生炸缸事故。

（5）防止气缸带液发生"液击"现象。油水分离器应正常好用，并及时排放分离出来的油和水。控制润滑剂的量，以气缸壁充分润滑而不产生"液击"现象为准。加强与其他工序联系，防止液体进入气缸。

（6）严格安全操作。压缩机开车前必须对整个压缩系统进行全面检查，确保无异常并与前后工序沟通良好后，方可启动。启动时要严格按照操作次序进行，升压速度不可过快，各段压力要平稳地按一定的压缩比提高，防止压缩系统因压力骤升而发生物理性爆炸。对外送气速度和压力也不可超高或波动过大，谨防发生抽负现象。压缩机停车时要缓慢卸去压力，高压与低压相通的阀门要迅速切断，如遇紧急停车时，应迅速与前工序联络，准确判断异常并快速切断，以防止发生气体倒流或高压气体蹿入低压设备引发超压爆炸。采用离心式压缩机时，要在机组停车后继续向密封系统内注油，以防止泄漏。如机组需要长时间停车，应把机内气体卸压，用氮气置换再用空气进一步置换后，才能停止注油系统。

（7）配置安全设施。大中型压缩机均应安装在独立的防爆隔离间内，并设置良好的通风设施和可燃气体浓度监测报警装置，以及自动灭火系统，如必须与其他厂房或装置紧邻，中间应以防爆墙隔开。电动机应采用不会产生火花、电弧或危险温度，且能承受爆炸压力而不被损坏的封闭式防爆电动机或正压通风结构形式的电动机，并设有接地装置。电动机的轴穿过墙壁处应用密封填料紧密封闭。压缩机等设备应有良好的导出静电接地装置。压缩机系统应设置气缸压力温度指示仪和自动调节、自动报警装置，以及压力、温度高于或低于正常值时能自动停车的安全联锁装置和安全泄压保护装置，并保证这些设备装置灵敏可靠，真正起到预警、保护作用。

45. 可燃液体输送设备操作需采取哪些防火防爆安全措施？

可燃液体输送设备在生产中被广泛应用。由于输送的物料通常具有易燃易爆、高温、超低温、高压、高黏度、剧毒和腐蚀性，输送过程火灾危险性大，消防安全十分重要。

（1）选择符合生产工艺要求的输送设备。虹吸和自流输送方式不但经济而且安全，凡是输送距离短且有条件设置的，均宜采用虹吸和自流输送方式。选用蒸汽往复泵输送易燃液体较为合适，其是以蒸汽为动力，可以避免产生火花。用气体压送易燃液体时，不可采用压缩空气，可用氮气或二氧化碳等气体压送。对闪点高的及沸点在130 ℃以上的可燃液体，可用空气压送。

（2）防止密封失效泄漏事故。根据输送液体物料的性质，选用合理的泵设计结构和密封形式，尽可能采用耐磨性高、导热性好、有足够的机械强度和刚度、耐腐蚀的材料作为机械密封材料。并且密封环等辅助密封材料也要具有良好的弹性、可靠的气密性、耐腐蚀等性能。根据泵的运行状态和杂质、凝固物的情况，定期采用蒸汽吹扫，以除去密封面的固体微粒和凝固物。应及时消减因摩擦产生的热量，降低密封腔的温度，确保密封端面有稳定的液膜。输送量大的低闪点可燃液体泵，其轴封应为密封性能良好的机械密封。

（3）保证设备安全。泵安装时，安装高度不可超过允许安装高度，避免发生气蚀现象或吸不上液体，同时吸入管应短而直，尽量减少弯头、阀门，以降低吸入管路的阻力。电动机的功率应考虑有一定的安全系数，防止因过载而发热燃烧。严格检查电动机质量，及时更换绝缘老化的电动机，保持其线圈绝缘性能；注意维修保养电动机，避免或减小定子、转子的摩擦。泵应运转平稳，无异常的振动、杂音和撞击现象。压力、真空、流量、电压、电流、功率和转速等参数均应在规定范围。冷却系统应保持畅通。加强设备、阀门、管线的维护保养，注意阀门的腐蚀、破损情况。

（4）严格安全操作。离心泵启动前必须向泵内灌注液体，防止"气缚"。启动时，应将出口阀全关，使泵在流量为零的情况下启动，泵所需的功率最小，以避免在启动时电动机过载而烧毁，引发火灾。泵启动后，再逐渐调节出口阀门，达到所要求的流量。停泵时，应先关闭出口阀，再停电动机，以免出口管路中的高压液体倒流入泵内，导致叶轮倒转而造成事故。往复泵、计量泵、齿轮泵和螺杆泵都属于容积泵，启动前必须将出口阀打开，不能用出口阀来调节流量，防止因压力剧增而造成事故。操作中严格按照要求控制温度、压力、流量等工艺参数，防止参数调节忽高忽低，避免人为因素对工艺参数造成影响从而使泵的运行失稳。在日常生产中，管理人员要加强对泵及泵房的巡检监测，发现振动、泄漏等异常情况及时处理。

（5）设置安全装置。在容积泵的出口管道上，应设安全阀，其放空管应接至泵的入口管道上，并宜设事故停车连锁装置。属于甲、乙类火灾危险性的泵房，要安装自动报警系统，并且与事故通风、切断供电电源、关闭电动闸阀等装置连锁。在泵房的阀组场所，应有能将可燃液体经水封引入集油井的设施，集油井应加盖，并有用泵抽除的设施。

（6）设置灭火设施。一般泵房内应备有泡沫、干粉、二氧化碳等小型灭火器材和沙箱、铁锹、钩、斧等灭火工具，手提式灭火器材和灭火工具应放在拿取方便的地方。体积小于 500 m^3 的室内泵房，要安装固定蒸汽灭火系统。露天泵站和体积大于 500 m^3 的室内泵房，要安装固定泡沫灭火系统。建议对输送枢纽的泵房设置附加干粉储藏库的全淹没固定干粉灭火系统，当发生火灾时，对全泵房内的空间实行全淹没灭火。

46. 粉碎研磨设备操作需采取哪些防火防爆安全措施？

粉碎研磨设备广泛应用于石油、化工、冶金、机械、煤炭、食品加工等工业生产。在粉碎研磨可燃物料的加工过程中，火灾爆炸事故发生率较高，生产作业中应注意消防安全。

（1）控制粉尘浓度。粉碎研磨设备要密闭，操作间应有良好的通风设备，以降低空气中粉尘含量。供给设备以粉料时，必须使正常操作条件下设备和气动输送装置中的空气量不超过30%，并且最高极限氧的体积分数为6%~8%。在粉尘浓度爆炸极限内操作的设备，可用缩小磨膛空间的方法提高粉尘浓度，使之超过爆炸上限，以防止粉尘爆炸；即使爆炸，也可减弱爆炸威力。

（2）减少粉尘沉积。粉碎研磨设备应隔离设置在单独房间内。车间的地面、墙面、顶棚要求平滑无凹凸之处，不设凸出部件，非设置不可时应保持其上平面与水平线成60°以上的倾角。梁与柱子应加以覆盖，门窗与墙壁保持在同一平面内。粉末的输送管道设置要考虑粉末沉积问题。及时清理沉积于厂房内各角落、设备、管道上的粉尘。

（3）防止摩擦、撞击、生热。注意检查和维修设备，防止机械零部件松脱。在物料投入设备破碎前，应将坚硬物件、杂质和金属拣出。必要时，在粉碎研磨机的加料处或其他部位安装磁力吸铁器或其他分离器。注意润滑机械转动部位。在粉碎研磨时，加料斗需保持满料，粉碎研磨机的供料流量要均匀正常，防止断料，造成空转而摩擦生热。排尘系统应采用不产生火花的除尘器。球磨机如果研磨具有爆炸危险的物料，则设备内需衬以橡皮或其他软材料，所用的研磨体应采用青铜球。

（4）防止电火花和静电放电。粉碎研磨生产场所的电气设备要按规定选择相应的防爆型设备，整个电气线路应经常维护和检查。对于能产生可燃粉尘的粉碎研磨设备，要安装可靠的接地装置，间距较近的设备、管道、器具应用导体连成一体进行接地，接地线必须连接牢靠。

（5）增加物料湿度。车间内可装设自动水喷淋设备，保证空气的相对湿度在70%以上，以降低粉尘的可爆性。对易燃易爆物料粉碎要求很细时应采用湿法作业；对不易除尘的粉碎作业也应采用湿法作业。

（6）惰性气体保护。处理特别危险的物质如硫、电石等时，通常加入惰性气体，以减小设备中粉尘与空气混合物中的氧含量，而对金属粉尘则采用氮气保护，对有机粉尘采用二氧化碳保护比较有效。

（7）设置防爆泄压阻火装置。粉碎研磨厂房和车间应有足够的泄压面积，泄压面设置应靠近容易发生爆炸的部位，不要面向人员集中的场所和主要交通道路。设备和厂房内部可安装防爆膜、防爆板、防爆门等，以减弱粉尘爆炸形成的压力，保护设备和厂房不遭到严重破坏。在相连设备之间设置阻火器、隔焰板、自动阀等，以防出现事故时火焰或爆炸波从设备的一部分传至另一部分。对于难以安装防爆泄压装置的设备（如磨碎机），要求设备自身能抵抗爆炸压力的破坏，或配置生产安全自动切断系统。

（8）正确处置事故。当粉碎研磨设备出现故障时，操作人员必须立即停车处置。当发现生产系统有粉末阴燃或燃烧时，必须立即停止输送物料，可用蒸汽或二氧化碳熄灭，不宜用强水流施救，以免粉尘飞扬使事故扩大。

47. 干燥设备操作需采取哪些防火防爆安全措施?

干燥作业是工业、农业、科学研究、文教卫生等部门不可缺少的工序之一。烘干方法有电加热干燥法和火加热干燥法。在进行干燥作业时，要有可行的防火防爆安全措施。

（1）干燥室应单独设置，其建筑应为二级以上耐火等级，室门应是防火门。如确实生产需要设在车间内，干燥室与车间应用砖墙隔开，门直通室外。有可燃蒸气或可燃粉尘形成爆炸性混合物危险的干燥厂房，其建筑应采取防爆泄压建筑结构，并注意通风排尘。

（2）非封闭的干燥器不得用于干燥能散发可燃蒸气的物料或被汽油及其他溶剂清洗过的零件。如果必须用烘箱烘烤零件，应待其上汽油或溶剂挥发后再烘烤。

（3）根据物料性质，严格控制干燥温度。开始干燥时，应逐步升温。视情况安装温度指示仪、温度自动调节系统与报警系统。要保证温度仪器、仪表准确灵敏。蒸汽干燥设备必须能控制蒸汽压力，防止因压力升高引起温度升高。

（4）物料中含有自燃点低或其他有害杂质，在干燥前必须加以清除。干燥氧化产品时，应在干燥前用清水洗净残存的氧化剂，防止其受热引起产品着火。

（5）间歇操作的干燥器应防止可燃物质直接接触热源，干燥室内不准放置其他任何可燃物质。干燥完毕后，要及时清除残留或撒落的物料，特别是残留在热源上的污垢。

（6）传导式干燥器要掌握好温度与干燥时间的关系，防止温度过高，物料与热源接触时间过长，引起燃烧。气流干燥器、沸腾干燥器的风道应尽量垂直, 不应有死角, 并经常清理, 防止物料积聚, 引起自燃。

（7）用烟道气加热的转筒干燥器, 应注意均匀加热, 不可断料, 转筒不可中途停止运转。如遇断料或停转, 应切断烟道气, 并通入氮气。

（8）对于易燃易爆、易氧化、易分解物料, 在干燥结束后, 必须待其温度降低后方可放进空气进行排料, 防止物料遇空气自燃。

（9）电热干燥器要做到定人、定温、定时操作, 工作结束后, 应及时切断电源。

67

（10）能产生可燃蒸气的干燥设备, 利用烟道气直接加热可燃物质的干燥设备如滚筒式干燥器, 应设防爆片等防爆泄压装置。粉尘爆炸、可燃气体爆炸危险很大的干燥设备宜设置抑爆炸系统。在干燥系统的排气管上安装感温感烟自动报警装置, 以及氮气或蒸汽灭火自动连锁装置。干燥设备附近应备有蒸汽灭火管线及灭火器材。

48. 生产设备检修前应做好哪些安全准备工作?

设备检修, 无论是大修还是小修, 计划内检修还是计划外检修, 都必须严格遵守检修工作的各项规章制度。如果组织不好, 指挥不当, 联系不周, 操作失误, 很容易发生火灾爆炸事故, 所以检修前的准备工作对于安全检修有着特殊的意义。

（1）检修的组织与管理。设置检修领导机构, 制定安全检修方案, 做好安全教育, 检修前做好全面安全检查。安全检查包括对检修项目的检查、检修机具的检查和检修现场的巡回检查。

（2）装置停车安全处理。生产装置的停车要降温降压, 降低进料量, 直到切断进料。在停车过程中应严格按照停车方案确定的时间、步骤、工艺参数变化幅度有序地停车。

（3）抽堵盲板。停工或停车检修的设备必须和运行系统可靠隔离，检修设备和运行系统隔离的最保险的办法是将与检修设备相连通的管道、管道上的阀门、伸缩接头等可拆部分拆下，然后在管路侧的法兰上装置盲板。如果无可拆卸部分或拆卸十分困难，则应在和检修设备相连的管道法兰接头之间插入盲板。有些管道短时间（不超过8 h）的检修动火，可用水封切断可燃气体气源，但必须有专人在现场监视水封溢流管的溢流情况，防止水封中断。

（4）置换和中和。为保证检修动火和罐内作业的安全，设备检修前应对内部的易燃、有毒气体进行置换，酸碱等腐蚀性液体应该中和。经酸洗或碱洗后的设备，为保证罐内作业安全和防止设备腐蚀也要进行中和处理。

（5）吹扫和清洗。对可能积聚易燃、有毒介质残渣、油垢或沉积物的设备，用气体置换的方法一般是清除不尽的，气体置换后还应对设备进行吹扫和清洗。

49. 设备置换作业需采取哪些防火防爆安全措施？

（1）置换前应制定置换方案，绘制置换流程图。根据置换和被置换介质密度不同，选择、确定置换和被置换介质的进出口和取样点。若置换介质的密度大于被置换介质的密度，应由设备或管道的最低点送入置换介质，由最高点排出被置换介质，取样点宜设在顶部及易产生死角的部位。反之，则改变方向，以免置换不彻底。

（2）用注水排气法置换气体时，一定要保证设备内被水充满，所有易燃气体被全部排出。应在设备顶部最高位置的接管口有水溢出，并外溢一段时间后，方可动火作业。严禁在注水未满的情况下动火作业。

（3）用惰性气体置换时，设备内部易燃、有毒气体的排出，应合理选择排出点位置，并将排出气体引至火炬或安全场所。所需惰性气体用量一般为被置换介质容积的 3 倍以上。如被置换介质有滞留的性质或者其相对密度和置换介质相近时，还应注意防止置换得不彻底或者两种介质相混合。

（4）置换作业是否符合安全要求，应根据气体分析化验是否合格为准，不能根据置换时间的长短或置换介质用量而定。置换过程中取样分析应按照置换流程图标明的取样点取样，一般为置换系统的终点和易产生死角的部位。

50. 设备清洗作业需采取哪些防火防爆安全措施？

（1）选用不燃或难燃性清洗剂。清洗作业应尽量选用能满足生产工艺要求的不燃或难燃性清洗剂。汽油之类的溶剂、清洗剂火灾危险性较大，一般不应大量使用。

（2）正确选用清洗方法。应避免使用会与被清洗物质发生化学反应的清洗剂。强氧化性物质不能用有机清洗剂；强还原性物质不宜用强氧化剂清洗；遇水自燃性物质，或遇水、遇酸产生可燃、有毒气体的物质不能用水、酸清洗。清洗化工装置中硫化铁等沉积物时，加热散裂沉积物应严格控制温度，防止设备管道过热；酸洗时产生的硫化氢气体，必须另设管道处理，也可用体积浓度为 5%～10% 的碳酸钠溶液进行吸收。采用蒸气清洗时，一般宜用低压饱和蒸气。碱洗时，应将碱片（块）分批多次加入清水中，同时缓慢搅动，待全部加入溶解后，方可通入蒸气煮沸，防止碱片（块）溶解时释放大量热量，使碱液涌出或溅出，造成灼伤事故。

（3）防止形成爆炸性混合物。清洗作业应尽量在露天或半敞开的建筑物内进行。如果在室内，应尽可能将窗、门敞开，保证良好的通风换气条件。较密闭的场所应设置强制通风装置，防止废料或清洗剂挥发出来的可燃蒸气积聚。

（4）控制和消除引火源。进行人工铲除时，若沉积物是可燃物质或是酸性容器壁上的污物和残酸，应使用木质、铜质、铝质等不产生火花的铲、刷、钩等工具。采用高压水、蒸汽冲洗方法时，要注意压力不宜过高，喷射速度不宜太快，防止高速摩擦产生静电。高压水或蒸汽管道应用导线和槽罐连接起来并接地。清洗作业场所应加强防火安全管理，远离各种引火源。

（5）正确处理清洗后的废物。应及时清扫人工揩擦或铲刮下来的沉积物并妥善处理。清洗后的含油污水不可随意排入下水系统，必须设置隔油池及相应的污油回收设施。采用化学清洗剂清洗后的废液应经过处理，如稀释、沉淀、过滤等使污染物浓度降低到允许的排放标准后再排放，或经化学方法处理至废液酸、碱性符合排放标准后再排放，或排入全厂性的污水处理系统统一处理后再排放。

（6）加强清洗后动火作业的安全管理。对未做清洗的盛装过易燃易爆化学物品的设备、容器，如油桶、电石桶等不可擅自进行动火作业。清洗可燃、易燃物质要彻底。动火作业前要用可燃气体检测仪器对设备、容器实测其内含可燃气体的浓度，确定无爆炸危险后，方可动火作业，不能仅凭主观感觉行事。

51. 什么是三级动火审批制度？

为了保证企业的防火安全，企业应设固定的动火车间（或场地），同时加强对临时动火部位和场所的管理，坚持三级动火审批制度。

（1）一级动火审批。属于一级动火的情况有：禁火区域内，油罐、油槽车以及储存过可燃气体、易燃可燃液体的各种容器和设备，各种受压设备，危险性较大的高处焊、割作业，比较密闭的房间、容器和地下室等场所，作业现场堆存大量可燃和易燃物质的场所。一级动火审批的流程为：由要求进行动火作业的车间或单位的行政负责人填写动火申请单，交调度部门，由调度部门召集动火作业、安全、保卫、消防等有关人员到现场，根据现场实际情况，制定安全实施方案，明确岗位责任，确定作业时间，上述有关人员在动火申请单上签字后，交单位主管领导审批。对危险性特别大的动火项目，还须由单位向上级有关主管部门提出报告，经审批同意后，才能进行动火作业。

（2）二级动火审批。属于二级动火的情况有：具有一定火险因素的非禁火区域内的临时性焊割作业，小型油箱、油桶等容器，登高焊割作业。二级动火审批的流程为：由动火作业人员填写动火申请单，由车间或工段负责人召集动火作业人员、车间安全员进行现场检查，在落实安全措施的前提下，由车间或工段负责人、动火作业人员和车间安全员在动火申请单上签字后，交单位安全或保卫部门审批。

（3）三级动火审批。属于三级动火的情况有：在非固定的、没有明显火险因素场所的临时性焊割作业。三级动火审批的流程为：由动火作业人员填写动火申请单，由车间或工段安全员签署意见后，报车间或工段负责人审批。

◎ **法律提示**

《中华人民共和国消防法》第二十一条规定：禁止在具有火灾、爆炸危险的场所吸烟、使用明火。因施工等特殊情况需要使用明火作业的，应当按照规定事先办理审批手续，采取相应的消防安全措施；作业人员应当遵守消防安全规定。

52. 焊接、切割作业前应做好哪些安全准备工作？

（1）做好焊割作业现场的安全检查，清除各种可燃物质，防止焊割火星飞溅引起火灾事故。对临时确定的焊割场地，更应彻底检查，并要划定焊割作业区域，必要时在作业现场拉好安全绳。可燃物质与焊割作业的安全间距一般应不小于 10 m，但具体情况要具体对待，如综合考虑风力、风向、作业部位等因素。大风天气作业时应设置风挡，防止火星飞溅。高处作业时，要把下方可燃物清理干净，必要时在作业部位下方设置接火盘。

（2）在有易燃易爆和有毒气体房间内作业时应先通风，将危险物质排除。

（3）查清焊割件内部的结构情况，对生产储存过易燃易爆化学品的设备、容器和各种沾有油脂的待焊割件，必须进行彻底清洗。作业前，应采用一问、二看、三嗅、四测的方法检查，绝不能盲目操作。查清焊割件连接部位的情况，预防热传导、热扩散而引起火灾事故。

（4）检查焊割设备是否完整好用。在临时确定的焊割场所，要选择好适当位置安放乙炔发生器、氧气瓶或电弧焊设备，这些设备与焊割作业现场应保持一定的安全距离。在乙炔发生器和电焊机旁应设立"火不可近""防止触电"等明显标志，并拦好安全绳，防止无关人员接近。焊割设备的导线应铺设在没有可燃物质的通道上。

（5）从事焊割作业的人员，必须穿好工作服。在冬季，御寒棉衣的棉絮不能外露，以防遇到火星阴燃起火。

（6）对焊割工程较大、环境比较复杂的临时焊割场所，要与有关部门一起制定安全实施方案，做到定人、定点、定措施，落实安全岗位责任制。对联合进行施工的大型项目，要有统一指挥，工段之间、工种之间，以及施工的各工序之间要加强联系，统一步调，如发现问题，应立即停止焊割作业。

（7）清查消防设施。根据作业现场和焊割作业的性质特点，配备相应数量的灭火器材，对大型工程项目和禁火区域内设备进行检修以及作业现场较为复杂时，可将消防车调到现场，随时准备灭火。

53. 焊接、切割作业中应采取哪些安全措施？

（1）拆移。在易燃易爆场所和禁火区域内，应把焊割件拆下来，移至安全的地方进行焊割。

（2）隔离。对无法拆卸的焊割件，要把焊割的部位或设备与其他易燃易爆物质严密隔离。

（3）置换。对有可燃气体的容器、管道进行焊割时，应用惰性气体、蒸汽或水置换待焊割容器、管道内残存的可燃气体。

（4）清洗。对储存过易燃液体的设备和管道进行焊割前，应先用热水、蒸汽或酸液、碱液清洗残存在里面的易燃液体。对无法溶解的残存污物，应先铲除干净，然后再进行清洗。

（5）移走危险物品。把焊割件附近的可燃物搬走。

（6）敞开设备。对待焊割的设备作业前要卸压，打开全部人孔、阀门等。

（7）提高湿度，进行冷却。作业点附近的可燃物无法搬移时，可采用水淋的方法，把可燃物浇湿，增加其耐火能力。

54. 焊工应遵守的"十不焊割"原则是什么？

有下列情况之一的，焊工有权拒绝焊割，生产管理人员不得强迫违章作业。

（1）没有操作证，又没有正式焊工在现场进行技术指导时，不能焊割。

（2）凡属一、二、三级动火范围的焊割，未办理动火审批手续，不能焊割。

（3）不了解焊割现场周围的情况，不能焊割。

（4）不了解焊割件内部是否安全，不能焊割。

（5）盛装过可燃气体、易燃液体、有毒物质的各种容器，未经彻底清洗；大型油罐、气柜经清洗后，未进行气体测爆，或测爆后已间隔了 2 h 以上时，不能焊割。

（6）对用可燃材料（如塑料、软木、玻璃钢、聚丙烯薄膜、稻草、沥青等）做保温、冷却、隔音、隔热的部位，火星能飞溅到地方，在未经采取切实可靠的安全措施之前，不能焊割。

（7）有压力或密封的容器、管道不能焊割。

（8）焊割部位附近堆有易燃易爆物品，在未彻底清理或未采取有效的安全措施前，不能焊割。

（9）与外单位相接触的部位，在没有弄清对外单位有无影响，或明知存在危险又未采取切实有效的安全措施之前，不能焊割。

（10）焊割作业与附近其他工种作业互相有抵触，不能焊割。

55. 焊接、切割作业后的安全检查主要包括哪些内容？

焊割作业发生火灾、爆炸事故，有些是在工程的结尾阶段或在焊割作业结束以后。原因往往在于作业结尾阶段人员放松警惕，制定的各项安全措施未能自始至终地执行，焊割结束后留下的火种没有熄灭等。因此，必须认真抓好焊割作业后的安全检查，做好以下几项工作。

（1）作业结束，安全设施已经撤离，若发现某处还需进行一些细小工作量的焊割时，绝对不能麻痹大意，安全措施不落实不能动火焊割。

（2）各种设备、容器进行焊接后，要及时检查焊接质量是否达到要求，对漏焊、假焊等缺陷应立即修补好。焊接过的受压设备、容器、管道要经过水压或气压试验合格后才能使用。凡是经过焊割或加热后的容器，要待完全冷却后才能进料。

（3）作业完毕应关闭电源、气源，把焊、割炬放置在安全的地方。

（4）作业完毕，必须及时、彻底地清理现场，消除遗留的火种。并要有人留守一段时间，待焊割件冷却后才能离开。焊工所穿的工作服也要注意检查是否有阴燃的情况。

56. 设备内部作业应采取哪些安全措施？

（1）进行设备内部（包括反应塔、反应器、储罐、储槽、槽车、窖井、污水池、隔油池、沟道等）作业，必须采取隔离措施，如切断电源、加盲板等，彻底清除作业现场周围的易燃、可燃物和各类火源，同时由作业负责人进行现场确认。

（2）进入设备内部作业前，必须先进行清洗置换处理，排除设备内残留的有害物质，并进行气体浓度分析，取样时间不得早于作业前 30 min，确保设备内有害物质及氧含量符合安全要求。

（3）作业人员必须戴安全帽，系安全带，穿长袖工作服，以防皮肤、眼睛、手、脚等部位受到伤害，并根据实际情况，选择相应的防护器材（如长管式防毒面具、氧气呼吸器、灭火器等）。

（4）设备内部作业必须设两名以上的监护人，且在作业期间不得离开现场。危险性大的作业，安全管理部门要派专人进行现场监护，设备内外建立可靠的联系方式，设备外部要挂有内部作业的标志。

（5）设备内部作业要根据深度搭设安全梯及台架，有利于作业人员进入和安全撤离，其上部必须固定牢靠，下部防止滑动。

（6）设备内部要保持良好通风，必要时采取强制通风措施。

（7）作业中断 1 h 以上，当恢复作业时应重新检查安全条件，进行气体分析，确认无问题后方可恢复作业。

（8）必须指定作业人员，明确分工，并向所有作业人员交代安全注意事项及安全防护措施；作业人员不宜过多，一般不超过两个人。

（9）悬吊安全灯时，其导线不得承受张力，不得用导体作吊具。

（10）在储存过可燃气体或液体的设备内作业需要照明时，必须用 12 V 的防爆安全灯或防爆手电筒，导线应绝缘良好，外皮不得破损。

（11）在储存过可燃性气体或液体的设备内作业，所用的电动工具必须是防爆型的，并且要有可靠的接地。

（12）设备内部需要动火时，必须经气体成分分析检测合格，事先在设备外试爆，确认无误后方可进行焊割作业。

（13）电焊工具的把线和零线必须绝缘良好，外皮不得破损或露线。气割工具不得泄漏。

（14）作业结束或中间休息时，必须将电焊、气割工具等全部移至设备外部。

（15）作业人员应定时休息，一次连续作业时间不得超过40 min。

（16）作业过程中，如有产生可燃气体的可能时（如清渣、焊接、防腐等），每隔30 min必须分析检测气体成分，不合格时马上停止作业，进行置换处理。

57. 喷漆作业需采取哪些防火防爆安全措施？

（1）厂房建筑应符合要求。喷漆车间应设在一、二级耐火等级的建筑物内，距其他建筑物的防火间距应符合《建筑设计防火规范（2018年版）》（GB 50016—2014）的规定。喷漆操作区距明火操作区不应小于10 m。建筑泄压比不应小于0.05 m^2/m^3。喷漆车间宜采用平房，若有困难可布置在楼房的顶层靠墙处。

（2）设置排风装置防止形成爆炸性混合气体。凡易形成爆炸性混合气体的喷漆作业场所，必须安装排风装置。排风机应选用有色金属叶轮，并经常检查，防止摩擦、撞击。排风量应保证将有机溶剂蒸气浓度控制在不超过爆炸下限的20%。风管口应布置在与工件传送装置相垂直的喷漆室侧壁上，并均匀分布。

（3）电气设备应符合防爆要求。喷漆作业区的电气设备必须符合防爆安全要求，抽风机应用防爆型电动机，线路应穿管敷设，不得使用非防爆灯具照明。喷漆车间漆房的闸刀、配电盘、断路器应安置在室外便于操作的地方。静电喷漆多股高压线必须拧成一体并焊牢，还应在绝缘大杆外增加尼龙套管，以加强绝缘强度。

（4）防止静电危害。喷漆设备如喷漆柜、抽风机、喷枪、传送带等均应安装静电接地装置，其接地电阻不应大于10 Ω。在静电喷漆中，电压应控制在 80~90 kV 为宜，不得超过 100 kV。喷盘与工件的距离应控制在 25~30 cm，不得低于 25 cm，以防造成放电拉弧。作业人员应穿着防静电积聚的工作服，不得站立在塑料板或橡胶板上，避免人体在静电场内产生感应电流。

（5）设置安全装置和灭火设施。喷漆工段、烘干工段、储漆间和调漆间均应设置自动报警装置。当这些部位空间有机溶剂蒸气的浓度达到危险值时，自动报警装置便能发出危险报警信号。有条件的最好采用报警与安全装置联动，防止火灾发生。需注意的是：喷漆产生的漆粒与烟颗粒相似，使用感烟探测器易引起误报，宜使用感光和感温探测器。烘房或大型烘箱应在其顶部装设通风管，并在适当位置设置防爆门，以便爆炸时泄压。灭火装置宜选用二氧化碳灭火装置，因雾状水对精度要求高的喷漆设备有影响而不宜采用。二氧化碳灭火装置的控制可采用自动、手动或应急机械操作。

（6）加强防火安全管理。车间内油漆和溶剂的储存量要严加控制，以不超过当天用量为宜。盛装容器要加盖以减少溶剂的挥发。揩过漆和溶剂的棉纱、抹布等必须存放在专用的有水的金属桶内，定期予以清理烧毁。喷漆现场严禁随意使用明火或其他易产生引火源的用具及装置；禁止一切能产生火花的行为，如用铁棒撬开封盖的金属桶、穿带钉的鞋和使用易产生火花的工具；设备检修时应有严格的审批制度，检修时应停止喷漆作业，并将带有或装有油漆的设备搬到安全地点用非燃性材料遮盖。

58. 燃气具使用应采取哪些安全措施？

为了有效防范燃气事故的发生，在使用燃气时务必采取下列安全措施。

（1）保证燃气具质量。市场上燃气具的经销商和品牌较多，一定要购买具有资质的正规厂家生产的合格燃气具。燃气具的类型与所用气体要严格一致，不能混用。

（2）开窗通气。在使用燃气时不要紧闭门窗，要注意保持空气流通，如开启窗户和排气扇，让新鲜空气源源不断地补充到室内来。特别是几个人连续使用燃气热水器洗澡时，要适时地保持一定的室内外通风换气，避免因室内空气来不及交换而发生事故。

（3）有人照看。使用燃气时应有人照看，防止燃气具不能正常启闭。长期不使用燃气时，要关闭燃气总开关。应安装质量合格的燃气泄漏报警器，如果发生燃气泄漏，报警器能及时报警。

（4）淘汰更新。《家用燃气燃烧器具安全管理规则》（GB 17905—2008）规定，天然气灶具、热水器的使用年限为 8 年，超过使用年限的燃气具必须及时更新。一些非安全型的燃气具，如不带熄火保护装置的灶具、直排式热水器应该立即更换。无意外熄火保护装置的灶具，当风吹、溢汤、火焰熄灭时，不能自动切断燃气，使燃气泄漏在室内空间，会引发着火、爆炸事故。禁止使用直排式热水器，由于其燃烧时所需要的氧气取自室内，燃烧后产生的烟气也排放在室内，如果通风不好，极易造成一氧化碳中毒。热水器必须安装烟道管，使用时注意室内通风。排放废气的烟道管一定要通向室外并加装防风罩，否则如遇烟道管排气不畅或风向转换而导致废气倒灌，危害非常大。

（5）清洗保养。根据燃气具使用说明书的要求，定期做好维护保养工作，既节能又安全，通常的保养周期为一年。

（6）定期检查。要经常检查热水器烟道管、接口处是否发生损坏或脱落，烟道管是否被堵塞造成排气不畅。此外，还要经常检查灶前连接的燃气胶管是否出现老化和开裂，接口处是否用夹具紧固等。燃气胶管的使用寿命通常为 18 个月。燃气管理部门建议使用金属软管连接灶具。

（7）及时报修。当闻到类似燃气泄漏的异味时，应首先打开门窗，保持空气流通，同时立即关闭燃气总开关，疏散室内人员。在此期间，应杜绝火种，禁止启闭任何电气开关，及时到户外拨打维修电话，待专业人员修理完毕后，方可回到室内。

59. 建筑施工现场应采取哪些防火安全措施？

建筑工地可燃、易燃材料多，火源、热源多，消防条件差，火灾危险性大，且一旦发生火灾，扑救难度大。因此，合理规划施工现场，加强对火源、热源的管理十分必要。

（1）建立落实防火安全责任制。建筑工地施工人员多，往往几个单位在一个工地施工，管理难度大，因此，必须认真贯彻"谁主管，谁负责"的原则，明确安全责任，逐级签订安全责任书，确保安全。

（2）现场要有明显的消防安全标志。必须配备符合规定的消防用水和消防器材，并经常检查、维护、保养，保证消防设备设施齐备有效。对施工现场的志愿消防队员，要定期组织教育培训。

（3）加强施工现场道路管理。合理规划施工现场，留出足够的防火间距。要求施工现场必须设置临时消防车道，其宽度不得小于 3.5 m。禁止在临时消防车道上堆物、堆料，挤占临时消防车道。

（4）加强明火管理。明火与可燃、易燃物堆场和仓库要保持防火间距，防止飞火，对残余火种应及时熄灭。

（5）加强焊割作业管理。要对焊割作业实行严格的动火审批制度。动火前要对施工现场周围易燃、可燃物进行必要的清理。动火时要坚持现场监护，准备必要的消防器材。氧气瓶、乙炔瓶不能混放。焊把线应完好无损，确有破损不能修复使用时，应及时更换焊把线。焊钳应完好，不得破损、漏电，焊钳夹有焊条时，不得带电沿易导电的物体移动，以免电击伤人、引发火灾。焊割作业完毕后，要及时清理现场并对周围部位进行安全检查，消除火灾隐患。

（6）加强电气设备管理。建筑工地电气设备虽多为临时性的，也必须由电工进行安装和调试，经专业人员检查合格后方可通电使用。严禁将电线敷设在可燃物上。电气设备日常检查中发现可能引起火花、短路、发热和绝缘损坏等情况，必须立即由专业人员修理。

（7）加强易燃易爆物品和区域的管理。使用易燃易爆物品必须制定和执行严格的防火措施，指定防火负责人，配备灭火器材，确保使用安全。易燃易爆的施工区域应使用防爆型灯具，电光源与施工区域的可燃物应保持一定的安全距离，不可贴近可燃物。

（8）施工现场禁止吸烟。可在工地附近设置临时吸烟场所，并采取必要的安全措施。

（9）不得在建设工程内设置宿舍。临时工棚应单独设置，并配备消防工具和器材，有条件的应设蓄水池。

（10）对重点工种人员进行培训。要对一些从事火灾危险性较大的工种，如电工、油漆工、焊工、锅炉工等进行必要的消防知识培训，保证施工安全。

60. 建筑使用单位应遵守哪些消防安全规定？

建筑工程在经验收合格、投入使用后，使用单位应遵守以下消防安全规定。

（1）不能随意改变使用性质。建筑工程的使用应当与消防安全审核意见相一致，其使用性质不能随意改变。如丙类生产建筑不能变更为甲类生产建筑使用；会议室不能变更为歌舞厅使用。这是因为建筑物的耐火等级、平面布局、建筑面积、层数、防火间距等，都是依据其使用性质和火灾危险性确定的，当其使用性质发生变化后，其火灾危险性也会随之改变。如因特殊情况而必须对建筑进行改建、扩建或变更使用性质时，必须重新报经消防救援机构审批，以保证消防安全措施的落实，防止形成新的火险隐患。

（2）物资仓库不得超量储存。仓库建筑物的耐火等级、平面布局、建筑面积、层数、防火间距等，都是依据所储存物资的火灾危险性和设计储存量确定的。超量储存，会增加火灾危险性，扩大火灾损失，给日常防火管理带来困难。

（3）防火通道（间距）不得随便占用。防火通道（间距）是为了防止火灾蔓延和保证火灾扑救、消防车通行的预留场地或通道。若使用单位随便在防火通道（间距）内搭建其他建筑或构筑物，或堆放物资，一旦发生火灾时会影响消防车的通行和灭火救援工作的展开，造成火势蔓延。

（4）安全疏散通道和出口不得堵塞。安全疏散通道和出口是为了保证建筑内人员安全疏散的逃生之路，其数量、宽度或长度的限制都是依据建筑物的使用性质、面积、层数和人员情况确定的，一旦堵塞，发生事故时人员难以迅速疏散和逃生，对人员密集场所来说，就可能造成大量的人员伤亡等难以想象的后果。

（5）固定消防设施不得圈占和埋压。固定消防设施一旦被圈占和埋压，失火时就不能保证迅速投入使用而影响火灾的扑救。

61. 人员密集场所应采取哪些防火安全措施?

人员密集场所一般可燃物多,火灾危险性大,一旦发生火灾往往难以扑救,容易造成群死群伤恶性火灾事故。人员密集场所应采取以下防火安全措施。

(1) 保证建筑耐火等级,做好防火分隔。人员密集场所要严格按照规范要求进行设计、施工,依据《中华人民共和国消防法》和《人员密集场所消防安全管理》(GB/T 40248—2021)办理建筑设计防火审批手续。

(2) 设置消防安全疏散设施,防止人员伤亡。《中华人民共和国消防法》和《人员密集场所消防安全管理》(GB/T 40248—2021)都对人员密集场所的消防安全疏散设施作了明确的规定。人员密集场所要确保疏散通道、安全出口的畅通,禁止占用、堵塞疏散通道和楼梯间;人员密集场所在使用和营业期间疏散出口、安全出口的门不应锁闭;封闭楼梯间、防烟楼梯间的门应完好,门上应有正确启闭状态的标识,保证其正常使用;安全出口、疏散门不得设置门槛和其他影响疏散的障碍物,且在其 1.4 m 范围内不应设置台阶;安全出口、公共疏散走道上不应安装栅栏;建筑每层外墙的窗口、阳台等部位不应设置影响逃生和灭火救援的栅栏,确需设置时,应能从内部易于开启;在宾馆、商场、医院、公共娱乐场等各楼层的明显位置应设置安全疏散指示图,指示图上应标明疏散路线、安全出口、人员所在位置和必要的文字说明。在疏散门和各疏散走道口应安装必要的事故照明设施,以利于发生火灾时引导人员沿着疏散指示标志安全疏散。

(3) 加强对易燃、可燃物品的使用、销售管理,减小火灾荷载。商场、市场在销售指甲油、摩丝、丁烷气(打火机用)、赛璐珞制品等易燃危险物品时，应严格控制数量。严禁在商场、市场内销售烟花爆竹、汽油等易燃易爆商品。

（4）加强电源、火源管理。电气设备引发火灾主要是由于线路短路、过负荷运转、接触电阻过大等原因，产生火花和电弧或引起导线过热造成的。人员密集场所要明确电气安全管理负责人，做好电气设备的操作、使用、维护保养工作。

（5）建立健全消防安全组织，落实规章制度，加强日常防火管理。人员密集场所要制定并严格执行防火安全责任制，组建专职志愿消防队。消防管理人员要恪尽职守，加强安全巡视检查。

◎相关链接

人员密集场所是指人员聚集的室内场所，包括公众聚集场所，医院的门诊楼、病房楼，学校的教学楼、图书馆、食堂和集体宿舍，养老院，福利院，托儿所，幼儿园，公共图书馆的阅览室，公共展览馆、博物馆的展示厅，劳动密集型企业的生产加工车间和员工集体宿舍，旅游、宗教活动场所等。

公众聚集场所是指面对公众开放，具有商业经营性质的室内场所，包括宾馆、饭店、商场、集贸市场、客运车站候车室、客运码头候船厅、民用机场航站楼、体育场馆、会堂以及公共娱乐场所等。

62. 单位和个人使用、管理消防设施、器材有何规定？

《中华人民共和国消防法》第十六条规定，单位应当按照国家标准、行业标准配置消防设施、器材，设置消防安全标志，并定期组织检验、维修，确保完好有效；对建筑消防设施每年至少进行一次全面检测，确保完好有效；保障疏散通道、安全出口、消防车通道畅通，保证防火间距符合消防技术标准。第二十八条和第二十九条的规定进一步强调了对消防设施、器材的保护。任何单位、个人不得损坏、挪用或者擅自拆除、停用消防设施、器材，不得埋压、圈占、遮挡消火栓或者占用防火间距，不得占用、堵塞、封闭疏散通道、安全出口、消防车通道。人员密集场所的门窗不得设置影响逃生和灭火救援的障碍物。负责公共消防设施维护管理的单位，应当保持消防供水、消防通信、消防车通道等公共消防设施的完好有效。在修建道路以及停电、停水、截断通信线路有可能影响消防队灭火救援的，有关单位必须事先通知当地消防救援机构。

◎**相关链接**

85

消防设施、器材，包括固定的消防设施和移动的消防器材。固定的消防设施指火灾自动报警系统、自动灭火系统、消火栓系统、防烟排烟系统以及应急广播和应急照明、安全疏散设施等；移动的消防器材指各种灭火器、灭火工具等。消火栓是指与供水管网连接，由阀门、出水口和壳体等组成的消防供水（或泡沫溶液）的装置，是扑救火灾时的重要供水装置。防火间距是指建筑物之间或其他物体之间应保留的防止火灾蔓延扩大的间隔距离。疏散通道、安全出口是指供人员安全疏散用的走道、楼梯间、室外楼梯的出入口，或直通室内外安全区域的出口。消防车通道是指供消防人员和消防装备到达建筑物进口或建筑物的通道，是消防车顺利、及时到达火场的必要保障。

火 灾 扑 救

63. 火灾发展过程经历几个阶段?

火灾发展可分成三个阶段,即火灾初起阶段、充分发展阶段和衰减阶段。在前面两个阶段之间,有一个温度急剧上升的狭窄区,通常称为轰燃区,它是火灾发展的重要转折区。轰燃所占时间较短,因此,把它看成一个事件,不作为一个阶段。

(1) 火灾初起阶段。燃烧面积较小,火焰不高,燃烧强度弱,火场温度和辐射热较低,火势向周围发展蔓延的速度较慢,此时只要能及时发现,用很少的人力和简单的灭火工具就可以将火扑灭。一般而言,油气类火灾的初起阶段极为短暂。

(2) 轰燃。目前对轰燃尚无通用的定义,但一般认为,它是由局部可燃物质燃烧迅速转变为系统内所有可燃物质表面同时燃烧的火灾特性。实验结果表明,在室内的上层温度达到400~600 ℃时会引起轰燃。

(3) 充分发展阶段。进入充分发展阶段后,火灾发展速度很快,燃烧强度增大,温度升高,附近的可燃物质被加热,气体对流增强,燃烧面积迅速扩大。随着时间的延长,燃烧温度急剧上升,燃烧速度不断加快,燃烧面积迅猛扩展,火焰包围整个设施或建筑物,设备机械强度降低，开始遭到破坏，变形塌陷，甚至出现连续爆炸。扑救充分发展阶段的火灾是极为困难的，需要组织大批的灭火力量，经过较长时间的艰苦奋战，付出很大代价，才能控制火势，扑灭火灾。

（4）衰减阶段。由于长时间燃烧，可燃物质减少，或者燃烧空间密闭，有限空间内氧气被逐渐消耗，火灾燃烧速度减慢，直至熄灭。但此时燃烧空间内温度仍然很高，如果立即打开密闭空间，引入较多新鲜的空气，或停止灭火工作，则仍有发生爆燃的危险。

室外火灾由于发展过程供氧充足，起火后很快便会发展到很猛烈，一般无明显的发展阶段。

87

◎专家提示

根据火灾发展的阶段性特点，在灭火中，必须抓紧时机，力争将火灾扑灭在初起阶段。同时要认真研究火灾充分发展阶段的扑救措施，正确运用灭火方法，以有效地控制火势，尽快扑灭火灾。

64. 如何报告火警?

在火灾发生时，及时报警是及时扑灭火灾的前提，这对于迅速扑灭火灾，减少火灾损失具有重要作用。

任何人发现火灾都应当立即报警，即直接地或者运用最有效、便捷的通信、交通工具向消防救援机构或者有关部门报告。这种规定是世界各国消防法律规定的通例。为了保证发生火灾能及时将火灾情况向消防救援机构报告，我国将"119"作为火警报警专用电话号码。

报告火警时，为了使消防队能够迅速到达火场，报警人应讲清着火单位，所在区县、街道、门牌或乡村的详细地址；要讲清什么东西着火，起火部位，燃烧物质和燃烧情况，火势怎样，有无被困人员，有无爆炸和毒气泄漏，报警人的姓名、工作单位和电话号码。报警后要派专人在街道路口等候消防车到来，指引消防车去往火场，以便迅速、准确地到达起火地点。

任何单位、个人都应当无偿为报警提供便利，不得阻拦报警。为报警人提供报警所需要的通信、交通或者其他便利时，不得收取费用或者报酬，对报警人的报警行为，不得以任何借口和理由加以阻止。

谎报火警，即故意编造火灾情况或者明知是虚假的火灾信息而向消防救援机构报告。谎报火警不但会破坏消防队正常的执勤秩序，而且会严重扰乱社会治安，造成恐慌，危害公共安全，属于严厉禁止的行为。对于谎报火警的行为，根据《中华人民共和国消防法》第六十二条的规定，依照《中华人民共和国治安管理处罚法》的规定进行处罚。

◎**法律提示**

《中华人民共和国消防法》第四十四条规定，任何人发现火灾都应当立即报警。任何单位、个人都应当无偿为报警提供便利，不得阻拦报警。严禁谎报火警。

65. 如何应对初起火灾？

火灾初起阶段比较易于扑救和控制，据调查，约有 45% 以上的初起火灾是由当事人或志愿消防队队员扑灭的。对初起火灾应采取以下措施。

（1）消防知识的普及是成功扑灭初起火灾的基本条件。单位、部门以及每个家庭成员应不断提高消防知识的学习和灭火基本技能训练的意识，增强自防自救能力，如参加各类消防培训、订阅消防科普书刊、浏览消防网站等。通过形式多样的学习训练，具备一定的灭火知识和技能，是成功扑救初起火灾的基本条件。

（2）及时准确的报警是控制火势蔓延的关键。无论何时何地发生火灾都要立即报警，一方面要向周围人员发出火警信号，如单位失火要向周围人员发出呼救信号，通知单位领导和有关部门等；另一方面要向"119"消防指挥中心报警，不管火势大小，只要发现起火就应向消防指挥中心报警，因为火势发展往往是难以预料的，如扑救方法不当，或对起火物质的性质了解不够，或灭火器材的效用所限等，都可能控制不了火势而酿成火灾。

（3）疏散与救援被困人员是火灾初起时的首要任务。火灾发生时，志愿消防队队员和其他在场人员必须坚持救人重于救火的原则，尤其是人员密集场所，更要采取稳妥可靠的措施，积极组织人员疏散，要通过喊话引导，稳定被困人员的情绪，及时打开疏散通道积极救援被困人员。只要方法得当，绝大多数火灾现场的被困人员是可以安全疏散或通过救援脱离险境的。

（4）掌握正确的灭火方法是成功扑灭初起火灾的保证。面对初起火灾，必须掌握正确的灭火方法，科学合理使用灭火器材和灭火设施。

66. 灭火的基本原理是什么？

燃烧发生需具备一定的条件，即同时存在可燃物、助燃物和引火源三个要素。这三要素缺少任何一个，燃烧便不能发生。灭火的基本原理就是在发生火灾后，通过采取一定的措施，把维持燃烧所必须具备的任何一个条件破坏，燃烧就不能继续进行，火就会熄灭。因此，采取降低着火系统温度、断绝可燃物、稀释空气中的氧浓度、抑制着火区内的连锁反应等措施，都可以达到灭火的目的。

67. 灭火的基本方法有哪些?

根据物质燃烧原理和同火灾作斗争的实践经验，灭火的基本方法主要有四种，即冷却、窒息、隔离和化学抑制。前三种通过物理方法灭火，后一种通过化学方法灭火。

（1）冷却灭火法。根据可燃物发生燃烧时必须达到一定温度的条件，将灭火剂直接喷洒在燃烧着的物体上，使可燃物的温度降到燃点以下，而停止燃烧。

（2）窒息灭火法。根据可燃物燃烧需要足够的助燃物（如空气、氧）的条件，采取阻止空气进入燃烧区或降低燃烧区氧含量的措施，使燃烧熄灭。可将水蒸气、二氧化碳等气体引入燃烧区，以稀释燃烧区的氧浓度。当燃烧区氧的体积分数低于 12%，或水蒸气的体积分数高于 35%，或二氧化碳的体积分数高于 30% 时，绝大多数燃烧都会熄灭。但若可燃物本身为化学氧化剂物质，是不能采用窒息灭火法的。

（3）隔离灭火法。根据发生燃烧必须具备可燃物的条件，将燃烧物质与附近的可燃物隔离，中断可燃物的供应，使燃烧停止。

（4）化学抑制灭火法。使灭火剂参与到燃烧反应中去，起到抑制反应的作用。具体而言就是使燃烧反应中产生的自由基与灭火剂相结合，形成稳定分子或低活性的自由基，从而切断自由基的连锁反应链，使燃烧停止。

◎专家提示

灭火中具体采用哪种方法，应根据燃烧物质的性质、燃烧特点和火场的具体情况，以及消防技术装备的性能等实际情况来选择，在一般情况下，综合运用几种灭火方法效果较好。

68. 冷却灭火法可采用哪些措施?

（1）用大量的水冲泼燃烧区灭火。

（2）用二氧化碳灭火剂灭火。由于雪花状固体二氧化碳本身温度很低，接触火源时又吸收大量的热，从而使燃烧区的温度急剧下降。

（3）用水冷却火场上未燃烧的可燃物和生产装置，以防止它们被引燃或受热爆炸。

◎ 专家提示

以下类型火灾，不能用水扑救。

（1）可燃固体类火灾中，镁粉、铝粉、钛粉、锆粉等金属元素的粉末类火灾不可用水扑救。因为这类物质着火时，可产生相当高的温度，高温可使水分子和空气中的二氧化碳分子分解，从而引起爆炸或使燃烧更加猛烈。如金属镁粉燃烧时可产生 2 500 ℃的高温，而空气中还存在大量二氧化碳，高温就会把二氧化碳分解成氧气和碳原子，这样氧化还原反应会更加剧烈。三硫化四磷、五硫化二磷等硫的磷化物遇水或潮湿空气，可分解产生易燃有毒的硫化氢气体，所以这类物质火灾也不可用水扑救。还有遇湿易燃类物品如碱金属、碱土金属等着火，绝对不可以用水和含水的灭火剂扑救，因为这类物质也可以与水发生强烈的氧化还原反应，直接导致火灾事故扩大的发生。

（2）氧化剂着火或被卷入火中，氧化剂中的过氧化物与水反应，能放出氧加速燃烧或者爆炸，如过氧化钾、过氧化钙、过氧化钡等。因此，这类物质起火后不能用水扑救，要用干沙土、干粉灭火剂扑救。

（3）用密集的直流水扑救可燃粉尘（如煤粉、面粉等）聚集处的火灾必须十分谨慎。当直流水难以立即将全部高温物质降温时，有可能造成粉尘爆炸。因为粉尘原来处于聚集状态，燃烧从表面进行，但如果用直流水冲喷，在水流冲击作用下可能造成粉尘扬起，形成粉尘与空气的混合物，粉尘的表面积急剧增大，化学活性增强，可以在没被扑灭的火星甚至火焰作用下发生更剧烈的燃烧、爆炸。

（4）比水轻的非水溶性可燃、易燃液体的火灾，原则上不用直流水扑救，如苯、甲苯等。若用水扑救，水会沉在这类液体下面造成喷溅、漂流，反而易扩大火势。

（5）高温设备、高温铁水、盐浴炉和电解铝槽火灾不能用水扑救，因为有可能引起设备破裂、铁水飞溅，造成火灾范围扩大；冷水遇到高温熔融物还可能引起水急剧汽化，发生传热型蒸汽爆炸。对这类物质火灾宜用水蒸气扑救。

（6）酸类腐蚀物品，遇加压密集水流，会立刻沸腾，使酸液四处飞溅，所以发烟硫酸、氯磺酸、浓硝酸等发生火灾后，不能用水扑救，宜用雾状水、干沙土、二氧化碳灭火剂扑救。

（7）当遇到未切断电源的电气火灾时，不能用直流水扑救，否则可能会引起更大的电气事故，宜使用干粉灭火剂灭火。

69. 窒息灭火法可采用哪些措施？

（1）可采用石棉被、浸湿的棉被、帆布、灭火毯等不燃或难燃材料，覆盖燃烧物或封闭孔洞。

（2）用低倍数泡沫覆盖燃烧液面灭火。

（3）用水蒸气、二氧化碳、惰性气体（如氮气等）、高倍数泡沫充入燃烧区域内。

（4）利用建筑物上原有的门、窗以及生产储运设备上的部件，封闭燃烧区，阻止新鲜空气流入，以降低燃烧区氧气的含量，达到窒息灭火的目的。

（5）在万不得已而条件又允许的情况下，可采用水淹没（灌注）的方法扑灭火灾。

◎专家提示

采用窒息灭火法时应注意以下问题。

（1）爆炸品一旦着火，一般只要不堆积过高，不装在密封的容器内，散装不一定会形成爆炸。炸药类（包括导火索、导爆索及炸药）燃烧，如用沙土等覆盖层压盖窒息灭火，会造成爆炸。因为炸药等爆炸物在燃烧时自身会产生氧气而维持燃烧，覆盖层根本隔绝不了氧气，反而造成炸药燃烧产生的大量气体和热量扩散的困难。如果炸药类物质在房间内或在车厢、船舱内着火时，要迅速将门窗、厢门、舱盖打开，向内射水冷却，不可用窒息灭火法灭火。

（2）敞口容器内可燃液体燃烧，如果用布、棉被等物覆盖容器口，而不能直接覆盖液体表面，则覆盖物与液面之间仍有一定的氧气维持燃烧，会继续产生气体与热量，且因为容器被覆盖而扩散受阻，使容器内压力不断上升而引起爆炸。

（3）在某些火灾场合使用泡沫灭火剂覆盖着火物质也会扩大火灾事故。一部分毒害品中的氰化物，如氰化钠、氰化钾等，遇泡沫中酸性物质能生成剧毒气体氰化氢。爆炸品着火禁止使用酸碱泡沫灭火剂灭火，因为化学反应会使爆炸更加剧烈。另外，泡沫灭火剂中含有大量的水，所以忌水性物质着火也不可以使用泡沫灭火剂扑救。

（4）遇水燃烧物质如锂、钠、钾、镁、铝粉等，禁止使用二氧化碳灭火剂窒息灭火，因为它们的金属性质十分活泼，能夺取二氧碳中的氧，起化学反应而燃烧。还应避免使用二氧化碳及惰性气体扑救氧化剂火灾，由于氧化剂自身可以释放出氧气，所以用窒息灭火法灭火是无效的。

（5）采用惰性气体窒息灭火时，一定要保证充入燃烧区内的惰性气体足够多，以迅速降低空气中的氧含量。

（6）在有条件的情况下，为阻止火势迅速蔓延，争取灭火战斗的准备时间，可先采取临时性的封闭窒息措施，以降低燃烧强度，而后组织力量扑灭火灾。

（7）在采取封堵孔洞等窒息灭火法灭火以后，必须在确认火已熄灭、燃烧区温度下降时，方可打开孔洞进行检查，严防因过早地打开而使新鲜空气流入燃烧区，引起复燃或烟雾气流中的不完全燃烧产物爆燃。

70. 隔离灭火法可采用哪些措施？

（1）将火源附近的可燃、易燃、易爆和助燃物质，从燃烧区转移到安全地点。

（2）关闭阀门，阻止可燃气体、液体流入燃烧区；排除生产装置、设备容器内的可燃气体或液体。

（3）设法阻拦流散的可燃液体或扩散的可燃气体。

（4）拆除与火源相毗连的易燃建筑结构，形成防止火势蔓延的空间地带。

（5）用水流或用爆炸方法封闭井口，扑救油气井喷火灾。

◎专家提示

采用隔离灭火法灭火时应注意以下问题。

（1）防止疏散火场中的可燃物质可能夹带火种造成新的火场。

如棉麻仓库红麻堆垛发生火灾，被疏散抢救出来的红麻里夹带暗火阴燃导致临时堆垛起火，可能造成比主火场更大的损失。

（2）曾经卷入火中或暴露于高温下的有机过氧化物包件在隔离后，还可能发生剧烈分解。因此，即使火已经被扑灭，在包件未完全冷却之前，也不应立即接近，防止爆炸事故发生。

（3）对可燃物料泄漏火灾，无论使用何种灭火剂灭火，都必须先切断气源或堵漏，如无可靠的断源、堵漏、倒液等措施，只能在水枪冷却下让其稳定扩散燃烧，不可贸然灭火。否则，火焰扑灭后可燃物料继续泄漏，会形成更大范围内的可燃气体或蒸气与空气的混合物，发生这种情况是十分危险的，一旦再次燃烧爆炸，其剧烈程度更大，破坏更加严重。

（4）工厂发生气体泄漏类火灾，在关闭气路阀门前应确保容器内的压力要保持正压，以防止空气进入引起爆炸。

71. 抑制灭火法可采用哪些措施？

采用卤代烷灭火剂灭火，就是通过抑制着火区内的连锁反应，减少自由基的产生，灭火速度快。但需注意的是一些碱金属、碱土金属以及这些金属的化合物在燃烧时可产生高温，在高温下这些物质大部分可与卤代烷发生反应，使燃烧反应更加猛烈，故不能用其扑救。

72. 常用的灭火器有哪些类型？

按充装灭火剂的种类不同，常用灭火器有水型灭火器、空气泡沫灭火器、干粉灭火器、二氧化碳灭火器、7150灭火器。

（1）水型灭火器。这类灭火器中充装的灭火剂主要是水，另外还有少量的添加剂。清水灭火器、强化液灭火器都属于水型灭火器。

主要适用于扑救可燃固体类物质如木材、纸张、棉麻织物等的初起火灾。

（2）空气泡沫灭火器。这类灭火器中充装的灭火剂是空气泡沫液。根据所充装的空气泡沫灭火剂种类的不同，空气泡沫灭火器又可分为蛋白泡沫灭火器、氟蛋白泡沫灭火器、水成膜泡沫灭火器和抗溶性泡沫灭火器等。主要适用于扑救可燃液体类物质如汽油、煤油、柴油、植物油、油脂等的初起火灾；也可用于扑救可燃固体类物质如木材、棉花、纸张等的初起火灾。对极性（水溶性）如甲醇、乙醚、乙醇、丙酮等可燃液体的初起火灾，只能用抗溶性泡沫灭火器扑救。

（3）干粉灭火器。这类灭火器中充装的灭火剂是干粉。根据所充装的干粉灭火剂种类的不同，干粉灭火器又可分为碳酸氢钠干粉灭火器、钾盐干粉灭火器、氨基干粉灭火器和磷酸铵盐干粉灭火器。我国主要生产和发展碳酸氢钠干粉灭火器和磷酸铵盐干粉灭火器。碳酸氢钠干粉灭火器适用于扑救可燃液体和气体类火灾，又称 BC 干粉灭火器。磷酸铵盐干粉灭火器适用于扑救可燃固体、液体和气体类火灾，又称 ABC 干粉灭火器。

（4）二氧化碳灭火器。这类灭火器中充装的灭火剂是加压液化的二氧化碳。主要适用于扑救可燃液体类物质和带电设备的初起火灾，如图书、档案、精密仪器、电气设备等火灾。

（5）7150 灭火器。这类灭火器中充装的灭火剂是 7150 灭火剂（即三甲氧基硼氧六环）。主要适用于扑救轻金属如镁、铝、镁铝合金、海绵状钛以及锌等初起火灾。

73. 针对不同类型的火灾应选用哪些灭火器？

（1）A 类火灾是固体物质火灾，如木材、布、纸、橡胶及各种塑料燃烧而成的火灾。对 A 类火灾，一般可采取水冷却灭火，但对于忌水物质，如布、纸等应尽量减少水渍所造成的损失。对珍贵的图书、档案资料应使用二氧化碳灭火器、干粉灭火器灭火。

（2）B 类火灾是液体或可熔化的固体物质火灾，如原油、汽油、煤油、酒精等燃烧引起的火灾。对 B 类火灾，应及时使用泡沫灭火剂进行扑救，还可使用干粉灭火器、二氧化碳灭火器灭火。

（3）C 类火灾是气体火灾，如氢气、甲烷、乙炔燃烧引起的火灾。对 C 类火灾，因气体燃烧速度快，极易造成爆炸，一旦发现可燃气体着火，应立即关闭阀门，切断可燃气体来源，同时使用干粉灭火剂将气体燃烧火焰扑灭。

（4）D 类火灾是金属火灾，如镁、铝、钛、锆、钠和钾等燃烧引起的火灾。对 D 类火灾，燃烧时温度很高，水及其他普通灭火剂在高温下会因发生分解而失去作用，应使用专用灭火剂。金属火灾灭火剂有两种类型：一是液体型灭火剂，二是粉末型灭火剂。例如，用 7150 灭火剂扑救镁、铝、镁铝合金、海绵状钛等轻金属火灾，用原位膨胀石墨灭火剂扑救钠、钾等碱金属火灾。少量金属燃烧时可用干沙、干的食盐、石粉等扑救。

（5）E 类火灾是带电火灾，指物体带电燃烧的火灾。对 E 类火灾，应选用卤代烷灭火器、二氧化碳灭火器、干粉灭火器扑救，不能用水灭火。

（6）F 类火灾是烹饪器具的烹饪物（如动物油脂、植物油脂）火灾。对 F 类火灾，应采用窒息灭火法灭火，如用锅盖等身边的物体立即将燃烧物体盖住，以达到阻止空气进入燃烧区的目的。如引起大面积火灾，可用空气泡沫灭火器扑灭。

74. 如何使用水型灭火器?

将清水灭火器或强化液灭火器提至火场，在距离燃烧物 10 m 处，将灭火器直立放稳。

（1）摘下保险帽，用手掌拍击开启杆顶端的凸头。这时储气瓶的密膜片被刺破，二氧化碳气体进入筒体内，迫使清水从喷嘴喷出。

（2）立即一只手提起灭火器，另一只手托住灭火器的底圈，将喷射的水流对准燃烧最猛烈处喷射。

（3）随着灭火器喷射距离的缩短，使用者应逐渐向燃烧物靠近，使水流始终喷射到燃烧处，直到将火扑灭。

◎ 专家提示

在喷射过程中，灭火器应始终与地面保持大致的垂直状态，切勿颠倒或横卧，否则会使加压气体泄出而灭火剂不能喷射。

75. 如何使用空气泡沫灭火器?

使用时，手提空气泡沫灭火器提把迅速赶到火场。

（1）在距燃烧物 6 m 左右，先拔出保险销，一手握住开启压把，另一手握住喷枪，紧握开启压把，将灭火器密封开启，空气泡沫即从喷枪喷出。

（2）泡沫喷出后对准燃烧最猛烈处喷射。如果扑救的是可燃液体火灾，当可燃液体呈流淌状燃烧时，喷射的泡沫应由远而近地覆盖在燃烧液体上；当可燃液体在容器中燃烧时，应将泡沫喷射在容器的内壁上，使泡沫沿壁淌到可燃液体表面加以覆盖。

◎ 专家提示

应避免将泡沫直接喷射在容器内可燃液体表面上，以防止射流的冲击力将可燃液体冲出容器而扩大燃烧范围，增大灭火难度。

使用空气泡沫灭火器灭火时，应随着喷射距离的减缩，使用者逐渐向燃烧处靠近，并始终让泡沫喷射在燃烧物上，直至将火扑灭。在使用过程中，应紧握开启压把，不能松开。也不能将灭火器倒置或横卧使用，否则灭火剂会中断喷射。

76. 如何使用二氧化碳灭火器?

二氧化碳灭火器的密封开启后，液态的二氧化碳在其蒸气压力的作用下，经虹吸管和喷射连接管从喷嘴喷出。由于压力的突然降低，二氧化碳液体迅速汽化，但因汽化需要的热量供不应求，二氧化碳液体在汽化时不得不吸收本身的热量，结果一部分二氧化碳凝结成雪花状固体，温度下降至-78.5 ℃。所以，从灭火器喷出的是二氧化碳气体和固体的混合物。当雪花状的二氧化碳覆盖在燃烧物上时即刻升华，对燃烧物有一定的冷却作用。但用二氧化碳灭火器灭火时冷却作用并不大，而主要是通过稀释空气，把燃烧区空气中的氧含量降低到维持物质燃烧的极限氧含量以下，从而使燃烧窒息。

（1）手提式二氧化碳灭火器。

1）使用时，手提灭火器的提把或把灭火器扛在肩上，迅速赶到火场。在距起火点大约5 m处放下灭火器。

2）一只手握住喇叭形喷筒根部的手柄，把喷筒对准火焰，另一只手压下压把，二氧化碳就喷射出来。

3）当扑救流淌液体火灾时，应使二氧化碳射流由近而远向火焰喷射，如果燃烧面积较大，使用者可左右摆动喷筒，直至把火扑灭。

4）当扑救容器内火灾时，应从容器上部的一侧向容器内喷射，但不要使二氧化碳直接冲击到液面上，以免将可燃物冲出容器而扩大火灾。

（2）推车式二氧化碳灭火器。

1）一般应由两人操作。先把灭火器拉到或推到火场，在距起火点大约 10 m 处停下。

2）一人迅速卸下灭火器安全帽，然后逆时针方向旋转手轮，把手轮开到最大位置。

3）另一人则迅速取下喇叭形喷筒，展开喷射软管后，双手紧握喷筒根部的手柄，对准火焰喷射，其灭火方法与手提式二氧化碳灭火器相同。

◎专家提示

手提式二氧化碳灭火器在喷射过程中应保持直立状态，切不可平放或颠倒使用；当不戴防护手套时，不要用手直接握喷筒或金属管，以防冻伤；在室外使用时应选择在上风方向喷射，否则，室外大风会将喷射出的二氧化碳气体吹散，灭火效果很差；在狭小的室内空间使用时，灭火后使用者应迅速撤离，以防发生二氧化碳窒息的意外；室内火灾扑灭后，应打开门窗通风。

77. 如何使用 7150 灭火器？

使用时，手提 7150 灭火器的提把迅速赶到火场，在距离起火点 2 m 左右处停下。

（1）一只手紧握导管末端的提把，把喷雾头对准火焰中心。

（2）另一只手拔出保险销，紧握提把，用力压下压把开关，灭火剂便在氮气压力的作用下，沿虹吸管进入喷枪，从喷雾头喷射出来。

◎专家提示

喷射时要使喷雾头在火焰上方 1 m 左右，不断前后移动，将灭火剂均匀地喷洒在燃烧物表面上，使火焰熄灭；喷射时不能将喷嘴直接接触燃烧着的金属，以防止将其吹散，扩大火势，影响灭火效果；灭火时，使用者应采取适当的防护措施，以免金属爆燃而烧伤。

78. 常用的固定灭火设施有哪些类型?

（1）消防给水系统。它是扑救火灾的重要条件之一。单位应按防火规范的规定要求，设计和建造消防给水设施，保证消防水源充足可靠，水量和水压满足灭火需要。消防给水系统由消防水源、消防给水管网、消火栓三部分组成。

（2）蒸汽灭火系统。它能有效地扑灭可燃气体和液体火灾。蒸汽灭火系统是一套释放水蒸气进行灭火的装置或设施。它具有设备简单、费用低、使用方便、维护容易、灭火时淹没性能好等优点。在正常生产需要大量水蒸气，且着火时能提供足够的灭火用水蒸气的场所，如石油化工厂、炼油厂、火力发电厂、燃油锅炉房、油泵房、重油罐区、露天生产装置区、重油油品库房等场所，一般适宜采用蒸汽灭火系统。

（3）泡沫灭火系统。它是设置在被保护对象附近可向可燃液体表面直接释放泡沫进行灭火的装置或设施，广泛用于保护可燃液体罐区及工艺设施内有火灾危险的局部场所。

（4）自动喷水系统。它是通过设置的喷头自动供水灭火和冷却的系统。该系统一般安装在建（构）筑物和工业设备上。当发生火灾时，它能发出火灾警报，自动喷水、冷却和灭火，具有工作性能稳定、灭火效率高、维护简便和使用期长等优点，是扑救工厂初起火灾的重要灭火设施。

79. 消防给水系统有何要求？

（1）消防水源有天然水源和人工水源两大类。天然水源是指自然形成的江、河、湖、泊、池塘等。人工水源是指人工修建的给水管网、水池、水井、沟渠、水库等。工厂企业的消防用水一般由人工水源供给，即由专门修建的给水管网供给。如管网中的水量和水压无法满足要求时，则设消防水池和消防水泵来保证。消防用水由工厂企业给水管网供给时，管网的进水管不应少于两条，而且当其中一条发生事故时，另一条应能供给100%的消防用水和70%的生产、生活用水。在消防用水由消防水池供给时，工厂企业给水管网的进水管应能供给消防水池的补充水量以及100%的生产、生活用水。

（2）消防给水管网有高压和低压两种。高压消防给水管网指管网内经常保持有足够的消防用水量和水压，不需消防车或其他移动式消防设备加压，可直接从管网的消火栓接出水带、水枪出水实施灭火。高压消防给水管网的压力为0.7~1.2 MPa。在工艺装置区或罐区，宜设独立的高压消防给水管网。低压消防给水管网是指管网的压力较低，一般只用于为消防设备提供消防用水量。要通过消防车或其他移动式消防设备将水加压后，才能满足灭火时水枪产生充实水柱所需的水压要求。但要求低压消防给水管网应有能力保证管网上的每个地面消火栓出口处，在达到设计消防用水量时的压力不低于0.15 MPa（自地面算起）。消防给水管道应环状布置，其环状管道的进水管不应少于两条；环状管道应用阀门分成若干独立管段，每段消火栓不宜超过5个。

（3）消火栓是设置在消防给水管网上的消防供水装置，由阀、出水口和壳体等组成。其作用是供消防车或其他移动式消防设备从消防给水管网取水或直接接出水带、水枪实施灭火。消火栓按其水压可分为低压式和高压式；按其设置条件有室内式和室外式，地上式和地下式之分。工厂企业的消火栓一般以室外消火栓为主。室外消火栓的布置间距，应保证保护对象的任何部位都在两个室外消火栓的保护半径之内。结合道路布置情况，考虑火场供水需要，要求室外低压消火栓的最大布置间距不应大于 120 m；室外高压消火栓的最大布置间距不应大于 60 m。消火栓数量应按其保护半径及保护对象的消防用水量等综合计算确定。高压消防给水管道上的消火栓的出水量应根据管道内的水压及消火栓出口要求的水压确定。低压给水管道上公称直径为 100 mm 和 150 mm 的消火栓的出水量，可分别取 15 L/s 和 30 L/s。

80. 如何使用蒸汽灭火系统?

当采取全淹没方式灭火时，应先关闭室内的机械通风及开口，同时立即撤离室内所有人员，再依次开启蒸汽灭火管线的选择阀、总控制阀，释放蒸汽，使蒸汽充满整个房间进行灭火。同时，注意观察火情，必要时配合采取其他灭火手段。

使用半固定式系统时，先将橡胶管的一端接到接口短管上，另一端接到蒸汽挂钩上，或接到蒸汽输送管线上，然后打开接口短管上的手动阀，向保护物释放蒸汽进行灭火。

为使蒸汽灭火系统经常处于良好状态，保证灭火时能够正常使用，日常维修保养应达到以下要求：输气管线要完好，经常充满蒸汽；排除冷凝水装置正常，管内无积水；保温设备、补偿器及支座等应保持完好无损；所有阀门要灵活好用，不漏气；筛孔要畅通，配气管要清洁无阻塞。

◎**专家提示**

蒸汽灭火系统不适用于下列场合：遇水蒸气发生剧烈化学反应和爆炸等事故的生产工艺装置和设备，体积大、面积大的火灾，电气设备、精密仪表、文物档案及其他贵重物品火灾。

81. 如何使用固定、半固定式泡沫灭火系统？

（1）对于固定式泡沫灭火系统，火灾发生后，应首先启动泵站的消防泵，向泡沫液管网内充水，同时打开泡沫液供给阀，调整泡沫比例混合器指针至正确位置。

（2）对于半固定泡沫灭火系统，使用时将泡沫消防车停靠在附近，连接消防水带至半固定泡沫灭火系统在防火堤外的接口，依靠消防车的动力输送泡沫混合液至燃烧区进行灭火。

◎**专家提示**

在使用泡沫灭火系统灭火时应注意以下几个问题。

（1）比例问题。泡沫产生器的发泡能力应与泡沫比例混合器指针所指刻度相一致。一般来讲，每个泡沫产生器的发泡能力是额定的，其中老式泡沫比例混合器的刻度标为 8、16、24、32、48、64 等数字（指泡沫混合液产生量，用 L/s 表示），与泡沫产生器的发泡能力 50、100、150、200、300、400（指泡沫发生量，用 L/s 表示）相对应，新式泡沫比例混合器的刻度则为 50、100、150、200、300、400 等（指泡沫混合液产生量，用 L/s 表示）。

（2）压力问题。泡沫灭火系统的泡沫产生器的发泡效果在额定压力下才能得到保证。如果泡沫产生器的压力不满足额定要求，则产生的泡沫质量差。特别是液下半固定灭火系统，应保证消防车的出口压力满足液下泡沫产生器的额定工作要求。

（3）泡沫产生器的能力。泡沫灭火总用量确定后，应根据泡沫产生器的个数估计泡沫产生器的能力。

（4）低倍数泡沫系统不适用于下列场所：流动着的可燃液体火灾，气体火灾，沸点低于 0 ℃的液化气火灾和低温液体火灾，带电设备火灾。应与水枪和水喷雾系统同时使用。

82. 如何使用自动喷水系统?

自动喷水系统主要由喷头、阀门、报警控制装置、管道和附件等组成。工厂企业采用的自动喷水系统主要有雨淋、水喷雾和水幕三种开式系统。

（1）雨淋喷水系统。雨淋喷水系统由火灾探测器、报警控制器、传动装置、雨淋阀、管道、供水设施、开式喷头等组成。发生火灾时，火灾探测器探测到火情后，报警控制器发出声光报警信号，同时输出释放控制信号，打开传动管网上的传动阀门，自动释放传动管网中有压力的水，雨淋阀在进水管水压的推动下瞬间自动开启，水便立即充满管网并经开式喷头喷出，以倾盆大雨般的开花射流实现对整个保护区内的灭火或冷却保护。雨淋喷水系除通过火灾探测系统控制雨淋阀实现自动灭火外，还设有手动开启阀门装置。雨淋喷水系统报警控制器的功能包括火灾自动探测报警和雨淋阀、消防泵自动启动两个部分，而报警控制器则是实现和统一这两部分功能的一种电气控制装置。

（2）水喷雾喷水系统。水喷雾喷水系统的组成与工作原理与雨淋喷水系统基本相同，其区别主要在于喷头的结构和性能不同。雨淋喷水系统采用标准型开式喷头，而水喷雾喷水系统则采用中速或高速喷雾喷头。喷雾喷头能在一定压力下将水流分解为细小的水滴，以锥形喷出，在灭火中吸热面积大、冷却作用强；同时，水雾受热汽化形成大量水蒸气对火焰起到窒息作用。水喷雾喷水系统常用于冷却保护可燃液体、液化烃储罐及油浸电力变压器等，尤其是距地面 40 m 以上受热后可能发生爆炸的设备。中速型喷雾喷头主要用于对需要保护的设备提供整体冷却，高速型喷雾喷头可以扑灭涉及闪点高于 45 ℃ 的油的容器或设备的火灾，多用于保护石油化工产品储存容器和电站设备。

（3）水幕喷水系统。水幕喷水系统是由水幕喷头、管道和控制阀等组成的阻火、冷却和隔火的喷水系统。水幕喷水系统的工作原理与雨淋喷水系统基本相同。所不同的是水幕喷水系统喷出的水为水帘状，而雨淋喷水系统喷出的水是开花射流。水幕喷水系统一般设置在石油化工企业中的各防火分区、设备之间或简易防火分隔物（如防火卷帘、防火幕等）开口部位。其作用不是直接灭火，而是阻止火势蔓延扩大，阻隔火灾事故产生的辐射热，疏导和稀释泄漏的易燃、易爆、有害气体和液体。

◎专家提示

自动喷水系统启动，确认火灾已扑灭后，应关闭水源闸阀，打开放水阀将管路内的水排空，取下已经开启的喷头，换上类型完全相同的喷头，然后按规定步骤，使自动喷水系统恢复正常备用状态。

83. 消防安全标志的类型有哪些？如何应用？

（1）消防安全标志的类型。消防安全标志是由安全色、边框、图像为主要特征的图形符号或文字构成的标志，用以表达与消防有关的安全信息。根据《消防安全标志》（GB 13495—1992），按照主题内容与适用范围分类，消防安全标志可分为火灾报警和手动控制装置的标志，火灾时疏散途径的标志，灭火设备的标志，具有火灾、爆炸危险的地方或物质的标志，方向辅助标志，文字辅助标志等。

1）火灾报警和手动控制装置的标志，见表 3-1。

表 3-1　　　　火灾报警和手动控制装置的标志

编号	标志	名称	说明
1.1		消防手动启动器	指示火灾报警系统或固定灭火系统等的手动启动器
1.2		发声警报器	可单独用来指示发声警报器，也可与 1.1 标志一起使用，指示该手动启动装置是启动发声警报器的
1.3		火警电话	指示在发生火灾时，可用来报警的电话及电话号码

2）火灾时疏散途径的标志，见表 3-2。

表 3-2　　　　　　火灾时疏散途径的标志

编号	标志	名称	说明
2.1		紧急出口	指示在发生火灾等紧急情况下，可使用的一切出口。在远离紧急出口的地方，应与 5.1 标志联用，以指示到达出口的方向

编号	标志	名称	说明
2.2		滑动开门	指示装有滑动门的紧急出口。箭头指示该门的开启方向
2.3		推开	本标志置于门上，指示门的开启方向
2.4		拉开	本标志置于门上，指示门的开启方向
2.5		击碎板面	指示：a. 必须击碎玻璃板才能拿到钥匙或拿到开门工具。b. 必须击开板面才能制造一个出口
2.6		禁止阻塞	表示阻塞（疏散途径或通向灭火设备的道路等）会导致危险

编号	标志	名称	说明
2.7		禁止锁闭	表示紧急出口、房门等禁止锁闭

3）灭火设备的标志，见表3-3。

表 3-3   **灭火设备的标志**

编号	标志	名称	说明
3.1		灭火设备	指示灭火设备集中存放的位置
3.2		灭火器	指示灭火器存放的位置
3.3		消防水带	指示消防水带、软管卷盘或消火栓箱的位置
3.4		地下消火栓	指示地下消火栓的位置

续表

编号	标志	名称	说明
3.5		地上消火栓	指示地上消火栓的位置
3.6		消防水泵接合器	指示消防水泵接合器的位置
3.7		消防梯	指示消防梯的位置

4）具有火灾、爆炸危险的地方或物质的标志，见表3-4。

表3-4   具有火灾、爆炸危险的地方或物质的标志

编号	标志	名称	说明
4.1		当心火灾—易燃物质	警告人们有易燃物质，要当心火灾
4.2		当心火灾—氧化物	警告人们有易氧化的物质，要当心因氧化而着火

续表

编号	标志	名称	说明
4.3		当心爆炸—爆炸性物质	警告人们有可燃气体、爆炸物或爆炸性混合气体，要当心爆炸
4.4		禁止用水灭火	表示：a. 该物质不能用水灭火；b. 用水灭火会对灭火者或周围环境产生危险
4.5		禁止吸烟	表示吸烟能引起火灾危险
4.6		禁止烟火	表示吸烟或使用明火能引起火灾或爆炸
4.7		禁止放易燃物	表示存放易燃物会引起火灾或爆炸
4.8		禁止带火种	表示存放易燃易爆物质，不得携带火种

111

编号	标志	名称	说明
4.9		禁止燃放鞭炮	表示燃放鞭炮、焰火能引起火灾或爆炸

5）方向辅助标志，见表3-5。

表3-5 方向辅助标志

编号	标志	名称	说明
5.1		疏散通道方向	与2.1标志联用，指示到紧急出口的方向。该标志亦可制成长方形
5.2		灭火设备或报警装置的方向	与表3-1和表3-3中的标志联用，指示灭火设备或报警装置的位置方向。该标志亦可制成长方形

方向辅助标志应该与表3-1～表3-4中的有关标志联用，指示被

联用标志所表示意义的方向。表 3-5 只列出了左向和左下向的方向辅助标志。根据实际需要，还可以制作指示其他方向的方向辅助标志（见图 3-1、图 3-3c）。在标志远离指示物时，必须联用方向辅助标志。如果标志与其指示物很近，人们一眼即可看到标志的指示物，方向辅助标志可以省略。方向辅助标志与表 3-1~表 3-4 中的图形标志联用时，如指示左向（包括左下、左上）和下向，则放在图形标志的左方；如指示右向（包括右下、右上），则放在图形标志的右方（见图 3-1、图 3-3c）。方向辅助标志的颜色应与联用的图形标志的颜色统一。

图 3-1 方向辅助标志使用示例

6）文字辅助标志。文字辅助标志是将表 3-1~表 3-4 中图形标志的名称用黑体字写出来加上适当的背底色构成。文字辅助标志应该与图形标志或（和）方向辅助标志联用。当图形标志与其指示物很近、表示意义很明显、人们很容易看懂时，文字辅助标志可以省略。文字辅助标志有横写和竖写两种形式。横写时，其基本形式是矩形边框，可以放在图形标志的下方，也可以放在左方或右方（见图 3-1、图 3-2）；竖写时，则放在标志杆的上部（见图 3-3a、b）。横写的文字辅助标志与三角形标志联用时，字的颜色为黑色，与其他标志联用时，字的颜色为白色；竖写在标志杆上的文字辅助标志，字的颜色为黑色。文字辅助标志的底色应与联用的图形标志统一。当消防安全标志的联用标志既有方向辅助标志，又有文字辅助标志时，一般将二者同放在图形标志的一侧，文字辅助标志放在方向辅助标志之下（见图3-1）。当方向辅助标志指示的方向为左下、右下及正下时，则把文字辅助标志放在方向辅助标志之上（见图3-3c）。在机场、涉外饭店等国际旅客较多的地方，可以采用中英文两种文字辅助标志（见图3-2c）。

图3-2　文字辅助标志使用示例

7）消防安全标志杆，见图3-3。

（2）消防安全标志的应用。消防安全标志主要应用在以下方面。

1）商场（店）、影剧院、娱乐厅、体育馆、医院、饭店、旅馆、高层公寓和候车（船、机）室大厅等人员密集的公共场所的紧急出口、疏散通道处、层间异位的楼梯间（如避难层的楼梯间）、大型公

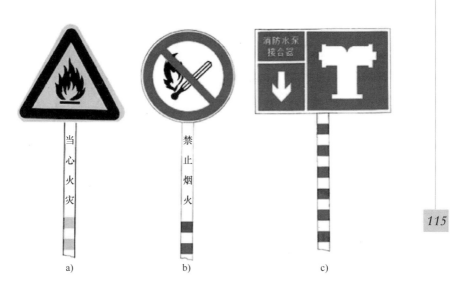

图 3-3　消防安全标志杆使用示例

共建筑常用的光电感应自动门或 360° 旋转门旁设置的一般平开疏散门，必须相应地设置"紧急出口"标志。在远离紧急出口的地方，应将"紧急出口"标志与"疏散通道方向"标志联合设置，箭头必须指向通往紧急出口的方向。

2）紧急出口或疏散通道中的单向门必须在门上设置"推开"标志，在其反面应设置"拉开"标志。

3）紧急出口或疏散通道中的门上应设置"禁止锁闭"标志。

4）疏散通道或消防车道的醒目处应设置"禁止阻塞"标志。

5）滑动门上应设置"滑动开门"标志，标志中的箭头方向必须与门的开启方向一致。

6）需要击碎玻璃板才能拿到钥匙或开门工具的地方或疏散中需要打开板面才能制造一个出口的地方必须设置"击碎板面"标志。

7）各类建筑中的隐蔽式消防设备存放地点应相应地设置"灭火

设备""灭火器"和"消防水带"等标志。室外消防梯和自行保管的消防梯存放点应设置"消防梯"标志。远离消防设备存放地点的地方应将灭火设备标志与方向辅助标志联合设置。

8）手动火灾报警按钮和固定灭火系统的手动启动器等装置附近必须设置"消防手动启动器"标志。在远离装置的地方，应与方向辅助标志联合设置。

9）设有火灾报警器或火灾事故广播喇叭的地方应相应地设置"发声警报器"标志。

10）设有火灾报警电话的地方应设置"火警电话"标志。对于设有公用电话的地方（如电话亭），也可设置"火警电话"标志。

11）设有地下消火栓、消防水泵接合器和不易被看到的地上消火栓等消防器具的地方，应设置"地下消火栓""地上消火栓"和"消防水泵接合器"等标志。

12）在下列区域应相应地设置"禁止烟火""禁止吸烟""禁止放易燃物""禁止带火种""禁止燃放鞭炮""当心火灾——易燃物""当心火灾——氧化物"和"当心爆炸——爆炸性物质"等标志：

① 具有甲、乙、丙类火灾危险的生产厂区、厂房等的入口处或防火区内；

② 具有甲、乙、丙类火灾危险的仓库的入口处或防火区内；

③ 具有甲、乙、丙类液体储罐、堆场等的防火区内；

④ 可燃、助燃气体储罐或罐区与建筑物、堆场的防火区内；

⑤ 民用建筑中燃油、燃气锅炉房，油浸变压器室，存放、使用化学易燃、易爆物品的商店、作坊、储藏间内及其附近；

⑥ 甲、乙、丙类液体及其他化学危险物品的运输工具上；

⑦ 森林和矿山等防火区内。

13）存放遇水爆炸的物质或用水灭火会对周围环境产生危险的地方应设置"禁止用水灭火"标志。

14）在旅馆、饭店、商场（店）、影剧院、医院、图书馆、档案馆（室）、候车（船、机）室大厅、车、船、飞机和其他公共场所，有关部门规定禁止吸烟，应设置"禁止吸烟"等标志。

15）其他有必要设置消防安全标志的地方。

84. 未发生火灾时气体或液化石油气泄漏应如何处置?

（1）设置警戒区域。泄漏现场的警戒区域边界浓度应设在可燃气体爆炸下限的30%，其范围之内为警戒区域。如果是液化石油气泄漏，要按气体扩散范围划定警戒区域。因气态石油气密度比空气大，测试仪应布置在贴近地面处。气体扩散会受泄漏量、风力等条件的影响时刻变化，警戒范围要根据检测数据实时调整。

（2）消除引火源。警戒区域内严禁存在和带入任何引火源，必须果断熄灭可燃气体泄漏扩散危险区内的一切火种，中断加热热源；对于警戒区域内的电气设备，应保持其原来状态，不要开或关，及时切断该区域的总电源；进入警戒区域的人员严禁穿钉鞋和化纤衣服；谨慎使用各种消防器材、工具、手电、手抬泵等，严防产生火花；堵漏时应采用不发火的器材和工具；消防车不准驶入警戒区域内，在警戒区域内停留的车辆不准再发动行驶。根据现场情况，动员现场周围特别是下风方向的居民和单位职工迅速消除引火源。

（3）关阀断料。气体或液化石油气管道发生泄漏，泄漏点位于阀门后且阀门尚未损坏，可采取关闭输送物料管道阀门、断绝物料源的措施，制止泄漏。关闭管道阀门时，必须设开花或喷雾水枪掩护。

（4）堵漏封口。气体或液化石油气管道、阀门或容器壁发生泄漏，而且泄漏点位于阀门前或阀门损坏，不能关阀止漏时，应使用各种针对性的堵漏器具和方法封堵泄漏口。

（5）喷雾稀释。以泄漏点为中心，在气体或液化石油气储罐、容器的四周设置水幕、喷雾水枪，利用其喷射的雾状水，或利用现场蒸汽管释放蒸汽，对泄漏扩散的气体进行围堵、稀释降毒或驱散，不宜使用直流水。

（6）注水排险。对于密度小于水且不与水互溶的泄漏液体如液化石油气，若泄漏点处于储罐的下部，在采取其他措施的同时，可通过罐底排污阀等向罐内适量注水，以抬高泄漏液体的液位，造成罐内底部形成水垫层，配合堵漏，缓解险情。

（7）主动点燃泄漏口。对于具有可燃性的气体，当其泄漏点位于储罐顶部，可采取主动点燃的措施，使泄漏口燃起火炬而控制其泄漏。

◎ **专家提示**

点燃泄漏口应具备安全条件和严密的事故防范措施，必须周全考虑，谨慎实施。

（1）点燃原则。根据现场情况，在无法有效地实施堵漏，不点燃必定会带来更严重的灾难性后果，而点燃则导致稳定燃烧和危害程度减少的情况下，可实施主动点燃措施。对现场气体扩散已达到一定的范围，很可能造成大能量爆燃，产生巨大的冲击波，危及气体储罐，造成难以预料后果的，禁止采取点燃措施。

（2）点燃准备。主动点燃泄漏火炬，必须做好充分的准备工作。要求担任掩护和防护的喷雾水枪到达指定位置，泄漏周边区域经检测没有高浓度可燃性混合气体，使用安全的点火工具并按正确的战术行动操作。

（3）点燃时机。点燃泄漏火炬，一般要把握两种时机：一是在罐顶开口泄漏，一时无法实施堵漏，而气体泄漏的范围和浓度有限，同时又有多支喷雾水枪稀释掩护以及各种防护措施准备就绪的情况下，用点火棒点燃；二是罐顶爆裂已经形成稳定燃烧，罐体被冷却保护后罐内气压减小，火焰被风吹灭，或被冷却水流打灭，但还有气体扩散出来，如果不再次点燃，仍有可能造成危害。此时，在继续保持冷却控制的同时，可以点燃。

85. 有毒气体泄漏应如何处置?

（1）查明毒害，做好防护。处置有毒气体（蒸气）泄漏事故时，首先要查明现场毒性气体（蒸气）的性质、泄漏点、泄漏量、扩散范围等。根据毒气的危害性质、扩散范围，设置危险警戒区。做好个人安全防护，如佩戴空气呼吸器、穿防毒衣或防化服等。从现场的上风和侧风方向，进入危险区救人和处置险情。同时，应尽快通知周围可能受影响的人员疏散，并报警。

（2）关堵驱排，断绝毒源。关闭泄漏管线或储罐的阀门，对泄漏点实施堵漏。堵漏操作常是在带压带温下和有毒、易燃易爆气体环境中进行的，经常需要同时实施多项现场处置措施，如个人防毒保护、营救被困人员或伤员、现场引火源控制、冷却保护等。根据事故现场泄漏点的情况，可以采取关闭法、紧固法、卡箍法、塞楔法、气垫堵漏法、胶堵密封法、焊补堵漏法等。对于已泄漏扩散的有毒气体（蒸气），应设置水幕，或机械排风，或喷雾水流阻截、驱散和稀释现场毒气云；对于厂房、车间内的毒气，采取开启门窗、破拆结构或用通风设备等措施进行排除。

（3）输转洗消，解除余毒。在堵漏工作完成后，应对中毒受害人员、处置人员，以及现场地面、物体、现场使用的器材装备等染毒体进行洗消和检测。洗消是利用大量的、清洁的加温的水，对人员和事故发生地域进行清洗。当发生的灾害事故特别严重，仅使用普通清水无法达到洗消效果时，要使用特殊的洗消剂进行洗消。洗消污水的排放，要经过环保部门的检测，以防止造成二次污染中毒。

86. 室内燃气具泄漏应如何处置?

燃气具泄漏主要有以下原因。

（1）用户使用不当引起燃气泄漏，如用户点燃燃气灶后不注意看护，由于种种原因造成火焰熄灭而产生泄漏。

（2）室内燃气设施陈旧、锈蚀、老化引起泄漏。

（3）室内的安全防护设施不完备造成大量泄漏。

（4）由于用户私自改装或盗气造成管路接口密封被破坏而漏气。

燃气泄漏可以用简单的方法进行检测。用肥皂水涂抹在可能出现漏气的地方，如果连续起泡，就可以断定此处是燃气泄漏点。查找时可用软毛刷、毛笔蘸肥皂水涂抹。严禁用明火查找漏气点。发现漏气后，应停止使用燃气具，联系专业部门维修。

当闻到室内有强烈的燃气异味时，请按以下程序进行处理。

（1）迅速关闭燃气总阀门。

（2）立即打开门窗，通风散气。

（3）杜绝一切火种，严禁开、关电气设备。

（4）到没有燃气异味的安全场所给燃气公司服务部门打电话报修或拨打火警电话"119"。

（5）离开现场。待修理妥当、气味散尽后再回到室内。

◎**专家提示**

绝不可用火柴或打火机点火的方法寻找燃气具或管线的漏气处。不要进入燃气异味浓烈的房间，以免燃气中毒。不要自行维修燃气具。

87. 如何扑救生产装置火灾?

（1）制订事故应急预案，加强培训和演练。为了在事故发生时快速、准确、有效地启动应急救援行动，必须事先制订事故应急预案，并定期组织应急救援的培训和演练，使员工了解和掌握事故应急处置措施和扑救初起火灾的方法，提高实战能力。

（2）及时报警。除装用自动报警系统报警外，还可通过手动报警系统、电话、直接派人去较近的消防队、大声呼喊等方式报警。总之，要因地制宜，采用各种方法迅速将发生火灾的情况告诉消防救援机构和单位人员。即使在场人员认为有能力将火扑灭，仍应向消防救援机构报警。

（3）抢救伤员。如果有人员受伤，必须首先抢救伤员，将受伤人员撤离事故现场，并进行必要的紧急处置，如止血、人工呼吸等。根据人员伤亡情况组织力量实施救援行动，利用直流水枪或喷雾水枪掩护救援行动，搜索被困人员，重点搜索压缩机房、仪器仪表室、生产控制室、油泵房或支撑装置的水泥构筑物的下部场所等。若火势较大，封锁救援通道，要集中水枪，采取强行进攻、重点突破的方法抢救伤员和被困人员。

（4）冷却防爆。冷却保护是扑救生产装置火灾过程中消除着火设备、受火势威胁设备发生爆炸危险最有效的措施，应重点冷却被火焰直接作用的压力设备和临近火势威胁的设备，把控制爆炸作为火灾扑救的主要方面。目前，企业许多生产装置内部设置了稳高压消防水系统、固定水炮和消防箱等现场消防设施，这些设施操作简单，生产装置的操作员均可操作。所以，一旦发生火灾，操作员在报警的同时，要迅速启动可能发生爆炸的装置上设置的水喷淋系统实施冷却，就近利用消防水炮、水枪对着火设备和受到火焰强烈辐射的设备、框架、管线、电缆等进行冷却，防止设备超温、超压和变形。

（5）采用工艺灭火措施。工艺灭火措施主要有关阀断料、开阀导流、火炬放空、搅拌灭火等。工艺灭火措施是科学、有效的处置生产装置火灾的技术手段。

（6）阻止火势蔓延。对于物料泄漏流淌的生产装置火灾现场，应尽早组织人员用沙袋或水泥袋筑堤堵截或导流，或在适当地点挖坑以容纳导流的易燃可燃液体物料，防止燃烧液体向高温高压装置区蔓延，严防形成大面积流淌火或物料流入地沟、下水道引起大范围爆炸。对高大的塔、釜、炉等设备流淌火，应布置"立体型"冷却，组织内歼外截的强攻，必要时可注入惰性气体灭火。

◎**专家提示**

扑救生产装置火灾应注意以下问题。

（1）不可盲目灭火。若易燃可燃液体、气体只泄漏未着火，则应在做好防护和出水掩护、防止产生火花的情况下，先实施堵漏，后处理已泄漏的物料。若易燃可燃液体、气体泄漏燃烧，在无止漏把握的情况下，应对着火和邻近的储罐、设备、管道实施冷却保护，切不可盲目灭火，严防发生爆炸、复燃、人员窒息、中毒等事故，造成更大的损失。

（2）不可盲目进攻。进入封闭的生产车间，要先在适当位置用直流或开花射流喷射，破坏轰燃条件，不要盲目实施灭火。进入灭火一线的人员要精干，要选好撤退的路线或隐蔽的位置，无关人员不准进入。

（3）充分发挥固定消防设施的功能。在安装有稳高压消防水系统、固定泡沫系统等固定消防设施的场所，一定要发挥好固定水炮、泡沫炮的作用，同时应从高压消火栓（水和泡沫）接出移动炮，对固定水炮达不到的地方进行冷却或扑救。高压消火栓压力高，消防队员抱枪困难，最好不要从高压消火栓上直接使用出水枪和泡沫枪，防止伤人。

（4）防止复燃复爆。生产装置火灾应重视防止复燃复爆发生，对已经扑灭明火的装置必须继续进行冷却，直至达到安全温度。流淌火扑灭后，要注意冷却水对泡沫覆盖层的破坏，要根据情况及时复喷泡沫覆盖。对于被泡沫覆盖的易燃可燃液体应尽快予以收集，防止复燃。要适时检测，严防溢流出的易燃可燃液体挥发形成爆炸空间，避免发生爆炸造成伤亡。

（5）重视防护。进入着火区域的人员应穿着防火隔热服，避免皮肤外露，防止灼伤。进入有毒区域的人员，应根据毒物特点确定防护等级，适情佩戴空（氧）气呼吸器等安全防护器具，防止中毒。在冷却和灭火时要注意后方保护，充分利用好地形地物，防止爆炸造成人员伤亡。在扑救生产装置火灾时，应尽可能使用压力高、流量大的高压水枪、水炮，实施远距离射水灭火，在确认无爆炸危险时，可以实施登高或近距离灭火。对于执行关阀、堵漏等危险性较大任务的人员和受强辐射热的前沿阵地人员，应用开花或喷雾水流对其实施不间断的掩护，要对有毒气体、易燃易爆气体（蒸气）的浓度进行不间断的检测，以防止毒害物质和爆炸对人员造成伤害。生产装置火灾扑救过程中，要自始至终监视火场情况的变化（包括风向、风力、火势变化，有无爆炸、沸喷的前兆等情况）。当火场出现爆炸、倒塌等征兆时，应采取紧急避险措施。

（6）防止造成环境污染。灭火时，应加强对火场灭火形成的流淌水的管理，阻止流淌水未经处理直接流入雨水排水系统，造成环境污染。

88. 如何扑救气体或液化石油气泄漏火灾?

气体或液化石油气泄漏后遇引火源形成稳定燃烧时，其发生爆炸或再次爆炸的危险与未燃时相比要小得多。根据气体或液化石油气火灾的特点，应采取以下扑救方法。

（1）控制火势蔓延，积极抢救人员。首先扑灭外围被火源引燃的可燃物火势，切断火势蔓延的途径，控制燃烧范围，并积极抢救受伤和被困人员。如果附近有受到火焰辐射热威胁的压力容器，能疏散的应尽量在水枪的掩护下疏散到安全地点。

（2）关阀断气，创造有利的灭火条件。如果是输气管道泄漏着火，应设法找到气源阀门。阀门完好时，关闭气体的进出阀门，火势会自动熄灭。在特殊情况下，只要判断阀门尚有效，可先扑灭火势，再关闭阀门。一旦发现阀门关闭已无效，一时又无法堵漏时，应维持稳定燃烧。

（3）冷却降温，防止物理爆炸。开启固定水喷淋装置，出水冷却燃烧罐和与其相邻的储罐，对火焰直接烧烤的罐壁表面和邻近罐壁的受热面，要加大冷却强度；必须保证充足的水源，充分发挥固定水喷淋系统的冷却保护作用。冷却要均匀，不要留空白，避免爆炸事故的发生。

（4）灭火堵漏，消除危险源。要抓住战机，适时实行强攻灭火。对准泄漏口处火焰根部合理使用交叉射水分隔、密集水流交叉射水，或对准火点喷射干粉、二氧化碳或卤代烷灭火剂，扑灭火焰。气体或液化石油气储罐或管道阀门处泄漏着火，且储罐或管道泄漏关阀无效时，应根据火势判断气体压力和泄漏口的大小及其形状，准备好相应的堵漏器材（如塞楔、堵漏气垫、黏合剂、卡箍工具等）堵漏。堵漏工作准备就绪后，即可实施灭火，同时需用水冷却灼烫的罐（管）壁。火扑灭后，应立即用堵漏材料堵漏，同时用雾状水稀释和驱散泄漏出来的气体或液化石油气。如果确认泄漏口非常大，根本无法堵漏，需冷却着火容器及其周围容器和可燃物品，控制着火范围，直到燃气燃尽，火势自动熄灭。

（5）实施现场监控，防止爆炸和复燃。现场扑救人员应注意各种爆炸危险征兆，如火势熄灭后较长时间未能恢复稳定燃烧，受热辐射的容器出现下列情况：燃烧的火焰由红变白、光芒耀眼，燃烧处发出刺耳的呼啸声，罐体抖动，排气处、泄漏处喷气猛烈等，此时，火场指挥员要敏锐地觉察这些爆炸危险征兆，作出爆炸判断，及时下达撤退命令，避免造成大的人员伤亡。

◎专家提示

扑救气体或液化石油气泄漏火灾应注意以下事项。

（1）查明情况，采取措施。根据泄漏后是否着火采取相应的措施，防止盲目进入气体或液化石油气泄漏区域引发爆炸。根据泄漏的部位，如储罐泄漏、管线泄漏，携带相应的堵漏器材。根据泄漏口形状决定堵漏材料。泄漏口为圆形时，可用尖木料堵塞。泄漏口为较长的带状时，应选择棉被、石棉被、加压气垫或汽车橡胶内胎等较平展的物品作为垫物，用安全绳、铜丝、石棉绳等加固，再给加压气垫或汽车橡胶内胎充气以堵漏。泄漏口为环状时，可用石棉绳、棉布条等进行缠绕堵漏。泄漏口为不规则的形状时，可用密封胶填塞，再用绷带、石棉绳加固的方法进行堵漏。液化石油气的泄漏应根据漏气和漏液两种情况采取措施。漏气时，由于液化石油气不再从空气中吸收热量，不会形成白雾；漏液时，由于漏出的液体在罐外汽化吸热，使环境温度迅速下降，空气中的水分冷凝形成一片白茫茫的雾气，同时泄漏点会出现结冰现象。漏气比漏液的危险性小。当液化石油气系统发生漏气时，液化石油气在系统内汽化吸热，使系统内温度下降，压力也随之下降，有利于堵漏抢险作业。而漏液时，液化石油气在系统外汽化吸热，系统内的压力和温度均没有下降，不利于堵漏作业。发生漏气和漏液时堵漏的方法也不同，漏液时可使用冻结的方法堵漏，而漏气时则不能。

（2）安全防护，必须到位。接近燃烧区域的人员要穿着防火隔热服，佩戴空气呼吸器或正压式氧气呼吸器等劳动防护用品，防止高温和热辐射灼伤和中毒。气体或液化石油气发生泄漏事故，消防车应布置在离罐区 150 m 的上风方向和侧风方向，车头朝向便于撤退的方向。抢险救援应当选择从泄漏点的上风方向和地势较高方向接近泄漏点。在此方向上，爆炸危险区和伤害区半径小，而下风方向和地势较低方向爆炸危险区和伤害区半径大，因此，从上风方向和地势较高方向更容易接近泄漏点进行侦察和堵漏。水枪阵地要选择在靠近掩蔽物的位置，尽可能避开地沟、下水井的上方和着火架空管线的下方。进行冷却的人员应尽量采用低姿射水或利用现场坚实的掩蔽体防护。在卧式罐起火时，进行冷却的人员应尽量避开封头位置，选择储罐四侧角作为射水阵地，防止爆炸时封头飞出伤人。冷却和灭火的水枪阵地，应当设置后排水枪保护。

（3）检测气体，防止爆炸。在火灾扑救中，要对燃烧区域外的储罐、液化石油气钢瓶、管线等进行气体检测。在火灾扑救结束前，必须坚持连续不断地检测。当储罐、管线或者槽车的火灾扑灭后，泄漏已经停止，要继续检测。检测的主要部位是泄漏点、储罐及管线阀门处、火场的低洼处、墙角、背风处以及下水道井盖处等。

（4）实施堵漏，安全可靠。在抢险救援过程中，堵漏作业一定要抓紧时间在白天进行，以免照明灯具、开关等点燃气体或液化石油气。堵漏时要停止其他作业。其他作业不仅可能产生火星引发爆炸，而且会增加警戒区的人数。在扑救液化石油气火灾和堵漏中，由于液化石油气泄漏时快速汽化，吸收周围大量的热，会在气体扩散源附近形成冷地带，堵漏人员要做好防冻措施，防止液体直接喷到人的皮肤上造成人员冻伤，防止液体溅入眼内导致失明。

（5）无法堵漏，严禁灭火。在不能有效堵漏的情况下，严禁将正在燃烧的储罐、管线、槽车泄漏处的火势扑灭。如果在扑救周围火势以及冷却过程中不小心把泄漏处的火焰扑灭了，在没有采取堵漏措施的情况下，必须立即用长点火棒将火点燃，使其恢复稳定燃烧。否则，大量可燃气体或液化石油气泄漏出来与空气混合，遇到引火源就会发生复燃复爆，造成更严重的危害。

89. 如何扑救易燃液体泄漏火灾？

液体不管是否着火，如果发生泄漏或溢出，都将顺着地面（或水面）流淌，而且易燃液体的密度和水溶性等不同，还涉及能否用水和普通泡沫扑救的问题，以及危险性很大的沸溢和喷溅问题。

（1）切断火势蔓延途径，控制燃烧范围。首先应切断火势蔓延的途径，冷却和疏散受火势威胁的压力及密闭容器和可燃物，控制燃烧范围，并积极抢救受伤和被困人员。实施关阀断料，停止油品从工艺系统中溢出。对泄漏液体流淌火灾，应筑堤（或用围栏）拦截流淌的易燃液体或挖沟导流。封闭工艺流槽，并用填沙土的方法封闭污水井。对受热辐射强烈影响区域的装置、设备和框架结构加以冷却保护，防止其受热变形或倒塌。开阀将着火或受威胁装置、设备和管道中的油品导流至安全储罐。在有蒸气扩散爆炸危险的区域内，停止用火设备的工作和消除其他可能的引火源。

（2）根据火情，采取针对性的灭火方法。

1）对于易燃液体储罐泄漏着火，在切断蔓延途径、把火势限制在一定范围内的同时，应迅速准备好堵漏工具，先用泡沫、干粉、二氧化碳灭火剂或雾状水等扑灭地上流淌的火焰，为堵漏扫清障碍，然后再扑灭泄漏口的火焰，并迅速采取堵漏措施。

2）对于大面积地面流淌性火灾，采取围堵防流、分片消灭的灭火方法。对于大量的地面重质油品火灾，可视情采取挖沟导流的方法，将油品导入安全的指定地点，利用干粉或泡沫灭火剂一举扑灭。对于暗沟流淌火，可先将其堵截住，然后向暗沟内喷射高倍泡沫灭火剂，或采取封闭窒息等方法灭火。

3）对于固定灭火装置完好的燃烧罐（池），启动灭火装置实施灭火。对于固定灭火装置被破坏的燃烧罐（池），可利用泡沫管枪、移动泡沫炮、泡沫钩管进攻或利用高喷车、举高消防车喷射泡沫灭火剂等方法灭火。

4）对于在油罐的裂口、呼吸阀、量油口或管道等处形成的火炬型燃烧，可用覆盖物如浸湿的棉被、石棉被、毛毯等覆盖火焰窒息灭火，也可用直流水冲击灭火或喷射干粉灭火剂灭火。

5）对于原油和重油等具有沸溢和喷溅危险的液体火灾，如果有条件，可排放罐底存积水，防止发生沸溢和喷溅。在灭火的同时，必须注意观察火场情况变化，及时发现沸溢、喷溅征兆，并迅速做出正确判断，及时撤退人员，避免造成大量人员伤亡和财产损失。

6）对于水溶性的液体如醇类、酮类等火灾，可用抗溶性泡沫灭火剂扑救。用干粉或卤代烷灭火剂扑救时，灭火效果视燃烧面积大小和燃烧条件而定，也需用水冷却罐壁。

（3）充分冷却，防止复燃。燃烧罐的火被扑灭后，要继续保持对罐壁的冷却，直至油品温度降到其燃点以下为止，并保持油液面的泡沫覆盖。对于地面液体流淌火，在火被扑灭后，液面仍需维持泡沫覆盖，直到采取现场清理措施。

90. 如何扑救电气线路和设备火灾?

带电电气线路或设备起火后，电气线路燃烧易形成一条快速蔓延的火龙，并发出强烈耀眼的弧光。油浸式变压器或油开关在高温或电弧作用下会发生爆炸，还会引起绝缘油外溢或飞溅，使火势在瞬间蔓延扩大。此外，火场扑救人员有触电的危险。

（1）断电灭火方法。当扑救人员的身体或所使用的消防器材接触或接近带电部位，或在冷却和灭火中直流水柱、喷射出的泡沫等射至带电部位时，电流通过水或泡沫导入扑救人员身体，容易发生触电事故。此外，电线断落对地短路，在泄漏电流区域形成跨步电压时，也易发生触电事故。为了防止在扑救火灾过程中发生触电事故，首先禁止无关人员进入着火现场，特别是对于有电线落地已形成了跨步电压或接触电压的场所，一定要划分出危险区域，并有明显的标志和专人看管，以防误入而伤人。同时，要与生产调度、电工技术人员合作，在允许断电时要尽快设法切断电源，为扑救火灾创造安全的环境。断电方法有以下几种。

1）断开变电所、配电室内电源主开关，切断整个生产装置区、车间、库房的电源。应先断开自动空气开关或油断路器等主开关，然后断开隔离开关，以免产生电弧发生危险。

2）断开建筑物内电源闸刀开关切断电源。在生产装置、车间发生火灾时，如果生产条件允许切断电源，可利用绝缘操作杆、干燥的木棍，或者戴上干燥的绝缘手套进行关断。

3）断开动力设备的电源控制开关，切断各个电动机的电源。在电动机停止运转后，用总开关切断配电盘的总电源，以防止产生强烈电弧，烧坏设备和烧伤操作人员。

4）利用变电所和户外杆式变电台上的变压器高压侧的跌落式熔断器切断电源。变压器发生火灾需要切断电源时，可用绝缘杆捅跌落式熔断器的鸭嘴，使熔线管跌落而切断电源。

5）采取剪断线路的办法切断电源。对电压在 250 V 以下的线路或 380 V/220 V 的三相四线制线路，可穿戴绝缘靴和绝缘手套，用断电剪将电线剪断。剪断的位置应在电源方向的支持物附近，以防止电线被剪断后掉落在地上而造成接地短路。当需剪断非同相电线或一根相线、一根零线时，应在不同部位分两次剪断。当需剪断扭缠的单相两根导线和两芯、三芯、四芯的护套线时，也应在不同部位分两次剪断，不得使用断电剪同时在同一部位一次剪断两根和两根以上的线芯；否则，极易造成短路和人身触电事故。

（2）带电灭火方法。当电气线路或设备发生火灾后，因火场情况紧急，或生产的连续性需要，或其他原因而无法切断电源时，常需实施带电灭火。带电灭火必须在防止触电的前提下，实施有效的扑救措施。

1）用灭火器实施带电灭火。对于带电设备或线路初起火灾，应使用二氧化碳或干粉灭火器进行扑救。扑救时应根据着火电气线路或设备的电压，确定人体与带电体的最小安全距离（见表 3-6），在确保人体、灭火器的筒体、喷嘴与带电体之间的距离不小于最小安全距离的要求下，扑救人员应尽量从上风方向施放灭火剂实施灭火。

表 3-6　　　　　　　　人体与带电体的最小安全距离

电压/kV	距离/m	电压/kV	距离/m
10	0.4	154	1.4
35	0.6	220	1.8
66	0.7	330	2.4
110	1.0		

2）用固定灭火系统实施带电灭火。生产装置区、库区、装卸区和变、配电所等部位的蒸汽、二氧化碳、干粉固定灭火装置，以及雾状水等固定或半固定的灭火装置，可以直接用于带电灭火。当上述部位涉及带电火灾时，应及时启动，可取得良好的灭火效果。

3）用水实施带电灭火。因水能导电，用直流水柱近距离直接扑救带电的电气设备火灾，扑救人员会有触电伤亡危险，只有在通过人体的电流低于 1 mA 时，才能保障扑救人员的安全。

◎专家提示

用水实施带电灭火时，为了确保人员的安全，可采取以下安全措施。

（1）水枪射手必须穿戴绝缘胶靴、绝缘手套，必要时应穿均压服。

（2）在金属水枪的喷嘴上安装接地线。接地线可用截面为 5~10 mm²、长 20~30 m 的铜绞线，接地棒可用长 1 m 以上、直径为 50 mm 的钢管或 50 mm×50 mm 的角钢钉入地下 0.5 m，接地棒处倒入盐水或普通水，或利用附近的避雷针引下线、自来水铁管、金属暖气管、电线杆拉线等作为接地装置。将接地线两端分别与水枪喷嘴和接地棒牢固连接即可。

（3）使用铜网格作为接地板。铜网格用粗铜线编制而成，规格为 0.6 m×0.6 m。将接地线与金属水枪喷嘴和铜网格接地板连接，根据电压高低选好距离，水枪射手站在接地板上，方可射水扑救火灾。

（4）采用喷雾水流带电灭火。当喷雾水枪的喷嘴距离 127 kV 带电体 1.5 m，并在 $7×10^5$ Pa 水压下利用喷雾水进行带电灭火时，没有漏泄电流现象。因此，用喷雾水流进行带电灭火时，只要根据电压高低选好距离（最好超过 3 m），水枪可以不用接地线，直接带电灭火。

（5）采用充实水柱实施带电灭火。在运用充实水柱实施带电灭火时，水枪喷嘴与带电体的距离应根据带电体电压高低，保持在相应最小安全距离（见表 3-7）以外，最好使用小口径水枪，采取点射射水灭火，或使水流向斜上方喷射，使水断续地呈抛物线形状落于火点而将火焰扑灭。

表 3-7　　　　　　　　水枪喷嘴与带电体的最小安全距离

电压/kV	最小安全距离/m	电压/kV	最小安全距离/m
1	2.5	110	6
5~10	3	220	7
23~35	4		

91. 带电灭火时应注意哪些问题？

（1）水枪喷嘴与带电体之间要保持安全距离。

（2）使用直流水枪灭火时，如有放电声、放电火花或有电击感时，应采取卧姿射水，将水带与水枪的接合部金属触地，以防触电伤人。

（3）对架空带电线路进行灭火时，扑救人员与带电体的水平距离应大于带电体距地面的垂直高度，以防导线断落危及扑救人员的安全。如果电线已断落，应划出 8~10 m 警戒区，禁止人员入内。

（4）在带电灭火过程中，没有穿戴防电用具的人员，不准许接近燃烧区，以防地面积水导电伤人。火灾扑灭后，如果设备仍带电，所有人员均不得接近带电设备和积水地区，以防止发生触电造成人员伤亡。

92. 如何扑救管道系统火灾？

生产管道同生产设备一样，是生产装置中不可缺少的组成部分，起着连接不同工艺功能设备的作用，以完成特定的工艺过程。在某些情况下，管道本身也同设备一样能完成某些化工过程，即"管道化生产"。生产管道布置纵横交错、种类繁多，被输送介质的理化性质多样，管道系统接点多，火灾爆炸事故发生率高。管道发生火灾爆炸事故，容易沿着管道系统扩展蔓延，使事故迅速扩大。

（1）可燃液体管道火灾扑救。可燃液体管道因腐蚀穿孔、垫片损坏、管线破裂等引起泄漏，被引燃后，着火物料在管内液压的作用下向四周喷射，对邻近设备和建筑物有很大威胁。扑救这类火灾，应首先关闭输液泵、阀门，切断向着火管道输送的物料；然后采取挖坑筑堤的方法，限制着火液体物料流淌，防止蔓延。单根液体管道发生火灾，用直流水枪、泡沫或干粉灭火剂等灭火，也可用沙土等掩埋扑灭。在同一地方铺设多根管道时，如果其中一根管道破裂漏出可燃液体形成火灾，火焰及其辐射热会使其他管道失去机械强度，并因管内液体或气体膨胀发生破裂，漏出物料，导致火势扩大。因此，要加强对着火管道及其邻近管道的冷却。对空间管道流淌火，因其易形成立体或大面积燃烧，可从管道的一端注入蒸汽吹扫，或注入泡沫灭火剂，或注入水进行灭火。若输油管道裂口处形成火炬式稳定燃烧，应用交叉水流，先在火焰下方喷射，然后逐渐上移，将火焰割断灭火。

若输油管道附近有灭火蒸汽接管，也可采用蒸汽灭火。

（2）可燃气体管道火灾扑救。可燃气体管道发生火灾时，不要急于灭火，应以防止蔓延和发生二次灾害为重点。应在落实关闭进气阀门或堵漏措施后，才可灭火。阀门受火势直接威胁，无法关闭时，首先应冷却阀门，在保证阀门完好的情况下，再行灭火。同时，应掌握时机，选择火焰由高变低、声音由大变小，即压力降低的有利条件下灭火，灭火后迅速关闭阀门，并使用蒸汽或喷雾水，稀释和驱散余气。扑救气体火灾，可选择水、干粉灭火剂、蒸汽等。灭火后对容器、管道要继续射水，以便驱散周围可燃余气。如果扑救有毒的可燃气体火灾，扑救人员必须佩戴防毒面具。

（3）气流输送、通风、空调、除尘管道火灾扑救。管道着火后，火苗有可能很快进入气流输送、通风、空调、除尘管道，并沿其蔓延扩大，必须截击阻止，消除余火，防止蔓延。

1）火苗进入物料输送风道。立即停止生产设备操作，关闭输送风机和风道阀门，将火焰控制在风道的局部范围，制止延烧。打开输送风道的旁通漏斗，设法将着火物料引出，就地彻底扑灭。着火物料难以取出的，应根据发烟浓度、管壁温度，判明大致燃烧范围，破拆风道，强行清理，或用水枪深入风道灌注灭火。

2）火苗进入吸尘管道。在生产过程中产生的火花或火苗，通过设在生产设备上的除尘装置吸入地沟、地面除尘管道时，应立即停止局部区域的吸尘风机工作，关闭局部除尘管道的阀门，尽量将火苗控制在局部区域内。查明火点位置，将着火物料通过旁通管引出，并就地扑灭。设有火星自动探除器的，要启动火星自动探除器，及时导出火星，并消灭余火。难以清除着火物料时，要破拆吸尘管道，清除着火物料，防止火苗进入邻近吸尘管道和除尘室，导致燃烧范围扩大。

3）火苗进入空调管道。及时关闭局部空调设备和防火阀门，控制燃烧范围。先破拆空调管道的保温层，通过烟雾浓度、管道温度、管道颜色变化，确定火点位置，在火点两端，分别用金属切割设备拆开空调管道。用水枪消灭管道内火焰，同时冷却降低空调管道温度。火点扑灭后，要清理出燃烧过的棉絮。燃烧范围大、火点多时，要多点同时破拆，逐点消灭，不留死角。

（4）下水道、管沟火灾扑救。企业生产往往要消耗大量工业用水，需排放或送往净化处理的污水量很大，污水中经常混杂有易燃易爆或有毒的物质。装置或设备若发生泄漏，可燃蒸气易在下水道、管沟等低洼地方聚集，遇到明火即会发生爆炸或燃烧。污水管网一般遍及全企业区，一旦着火，易蔓延成灾。扑救下水道、管沟火灾的方法：用湿棉被、沙土、堵塞气垫、水枪等卡住下水道、管沟两头，防止火势向外蔓延。若是暗沟，可分段堵截，然后向暗沟喷射高倍数泡沫灭火剂或采取封闭窒息等方法灭火。火势较大时，应冷却保护邻近的物资和设施，用泡沫或二氧化碳灭火剂灭火。若油料流入江河，则应于水面进行拦截，把火焰压制到岸边安全地点后用泡沫灭火剂灭火。

◎ **专家提示**

输油管线在压力未降低之前，不应采取窒息灭火法灭火，否则会引起油品飞溅，造成人员伤亡事故。

93. 如何处置危险化学品事故？

（1）设置警戒线。危险化学品事故现场情况复杂，必须实施警戒，并及时疏散危险区域内的人员。根据仪器检测结果和现场气象情况，确定警戒区域，划定警戒范围。要在适当位置设置明显的警戒线。

（2）选择适当的处置方法，防止盲目施救。危险化学品种类繁多，目前常见的、用途较广的就有 2 200 多种。各种危险化学品有各自的危险特性，处置方法也不同，所以，发生危险化学品事故，一定要弄清楚危险化学品的名称和危险特性，再根据事故现场情况，选择适当的处置方法。因此，事故处置的组织机构中一定要有相关专家或专业技术人员，由他们提出事故涉及的危险化学品的应急处置方法、注意事项和防护要求等。由于危险化学品种类多，即使有相关专家或专业技术人员参加救援处置，有时仍然有可能找不到适当的方法，此时应向化学品登记中心或相关危险化学品应急技术中心进行咨询，或登录"全国中毒控制专题网"进行查询，也可与生产厂家、托运方、使用单位等相关部门取得联系，寻找最适当的处置方法，千万不能盲目施救。没有妥善的处置方法，没有必要的防护设备，不能贸然处置，否则会加重事故的危害后果。

（3）正确选用灭火剂。在扑救危险化学品火灾时，应正确选用灭火剂，积极采取针对性的灭火措施。大多数易燃、可燃液体火灾都能用泡沫灭火剂扑救。其中，水溶性的有机溶剂火灾应使用抗溶性泡沫灭火剂扑救，如醚、醇类火灾。可燃气体火灾可使用二氧化碳、干粉等灭火剂扑救。有毒气体和酸、碱液可使用喷雾、开花射流或设置水幕进行稀释。遇水燃烧物质（如碱金属及碱土金属）火灾、遇水反应物质（如乙硫醇、乙酰氯等）火灾，应使用干粉、干沙土或水泥粉等覆盖灭火。粉状物品，如硫黄粉、粉状农药等，不能用强水流冲击，可用雾状水扑救，以防发生粉尘爆炸，扩大灾情。

（4）控制和消除引火源。大多数危险化学品都具有易燃易爆性，现场处置中若遇引火源，易发生燃烧爆炸，对现场人员、周围群众、设施都会造成严重危害，给事故处置增加难度。如果处置的危险化学品是易燃易爆物品，现场和周围一定范围内要杜绝火源，关闭所有电气设备，进入警戒区的消防车辆必须带阻火器。现场上空的电线应断电，固定电话、手机等通信工具应关闭，防止电火花引燃引爆可燃气体、可燃液体的蒸气或可燃粉尘。堵漏或现场操作中应使用无火花处置工具。

（5）清理和洗消现场。扑灭危险化学品火灾后，要对事故现场进行彻底清理，防止因某些危险化学品没有清理干净而导致复燃。应对火灾现场及参与火灾扑救的人员、装备等实施全面洗消。对现场进行再次检测，确保现场残留毒物达到安全标准后，解除警戒。

◎ **专家提示**

在处置危险化学品事故时，应注意以下几个问题。

（1）救援人员注意自身安全。进入危险区域的救援人员应做好个人防护，穿着防化服，遵守危险区域行动规则，不得随意解除防护装备，不得随意坐下或躺下，不得在危险区域内进食和饮水等。扑救无机毒品中的氰化物、硫、砷和硒的化合物及大部分有机毒品，应尽可能站在上风方向，并佩戴防毒面具。

（2）注意环境保护。在处置泄漏的危险化学品时，能回收的要尽量回收，不能回收的要防止泄漏物料流入河道。若已流入河道，要采取相应措施进行消毒，并对污染河道进行连续、多点位、多层面的监测，既要做定性检测，又要做定量检测。同时要通报沿河群众不要取用河水，通知下游城市有关部门密切关注污染水流情况。对受污染的土壤使用机械挖掘清除，并在安全地带采取焚烧或其他物理、化学方法进行安全处置。对于稀释过程产生的大量污染水，应尽可能收集到一处，集中处理。

94. 如何扑救汽车火灾？

近年来，汽车火灾事故时有发生，给国家和人民的生命财产造成了不小的损失，教训是深刻的。汽车火灾的扑救应采取以下措施。

（1）当汽车发动机发生火灾时，驾驶员应迅速停车，打开车门让乘客下车，然后切断电源，取出随车灭火器，对准着火部位的火焰正面猛喷，扑灭火焰。

（2）汽车车厢货物发生火灾时，驾驶员应将汽车驶离重点要害部位（或人员密集场所）并停下，并迅速报警。同时驾驶员应及时取出随车灭火器扑救火灾，当火一时扑灭不了时，应使围观群众远离现场，以免发生爆炸事故，造成无辜群众伤亡，使灾害扩大。

（3）当汽车在加油过程中发生火灾时，驾驶员不要惊慌，要立即停止加油，迅速将车开出加油站（库），用随车灭火器或加油站的灭火器以及衣物等将油箱上的火焰扑灭。如果地面有流散火时，应用库区灭火器或沙土将地面火扑灭。

（4）当汽车在修理中发生火灾时，修理人员应迅速切断电源，用灭火器或其他灭火器材扑灭火焰。

（5）当汽车被撞后发生火灾时，由于车辆零部件损坏，乘车人员伤亡比较严重，首要任务是设法救人。如果车门没有损坏，应打开车门让乘车人员逃出。同时驾驶员可利用扩张器、切割器、千斤顶、消防斧等工具配合消防人员救人灭火。

（6）当停车场发生火灾时，一般应视着火车辆位置，采取扑救措施和疏散措施。在扑救火灾的同时，组织人员疏散周围停放的车辆。

（7）当公共汽车发生火灾时，由于车上人多，要特别冷静、果断，首先应考虑救人和报警，视着火的具体部位而确定逃生和扑救方法。如着火的部位在公共汽车的发动机，驾驶员应开启所有车门，令乘客从车门下车，再组织扑救火灾。如果着火部位在汽车中间，驾驶员开启车门后，乘客应从两头车门下车，驾驶员和乘车人员再扑救火灾、控制火势。如果车上线路被烧坏，车门开启不了，乘客可从就近的窗户下车。如果火焰封住了车门，车窗因人多不易下去，可用衣物蒙住头从车门处冲出去。

95. 人身着火如何扑救?

人身着火多数是由于工作场所发生火灾、爆炸事故或扑救火灾引起的。使用汽油、苯、酒精、丙醇等易燃油品和溶剂擦洗机械或衣物，遇到明火或静电火花也可能引起人身着火。当人身着火时，应采取以下措施。

（1）若衣服着火又不能及时扑灭，则应迅速脱掉衣服，防止烧坏皮肤。若来不及或无法脱掉衣服，应就地打滚，用身体压灭火焰。切记不可跑动，否则风助火势会造成严重后果。就地用水灭火效果会更好。

（2）如果身体溅上油类而着火，其燃烧速度很快。人体的裸露部分，如手、脸和颈部最容易烧伤。此时疼痛难忍，神经紧张，人会本能地跑动逃脱。在场的人应立即制止其跑动，将其扑倒，用石棉布、棉衣、棉被等物覆盖，用水浸湿后覆盖效果更好。用灭火器扑救时，不要对着脸部。

第四部分 火场逃生

96. 火灾现场对人体的危害因素有哪些？

火灾现场对人体的危害因素主要有四种，即缺氧、高温、烟尘、毒性气体。

（1）缺氧。人们正常呼吸时空气中的氧气占21%（体积分数）左右。在这种情况下，人们的思维敏捷，判断准确，身体各个部位不会出现不良反应。由于火场中可燃物燃烧消耗氧气，同时产生毒气，使空气中的氧含量降低。特别是建筑物内着火，在门窗关闭的情况下，火场中的氧含量会迅速降低，使火场中的人员由于氧气减少而窒息死亡。当氧气在空气中的含量由21%的正常水平下降到15%时，人体的肌肉协调受影响；如再继续下降至10%～14%，人虽然有知觉，但判断力会明显减退，并且很快感觉疲劳；降到6%～10%时，人体大脑便会失去知觉，呼吸停止、心脏衰竭，数分钟内可死亡。

（2）高温。由于火场中可燃物质多，火灾发展蔓延迅速，火场中的气体温度在短时间内即可达到几百摄氏度。空气中的高温能损伤呼吸道。当火场温度达到50℃时，能使人的血压迅速下降，导致循环系统衰竭。吸入的气体温度超过70℃，会使气管、支气管内黏膜充血起水疱，组织坏死，并引起肺水肿而窒息死亡。人在100℃环境中即出现虚脱现象，丧失逃生能力，严重者会造成死亡。

（3）烟尘。火场中的热烟尘由燃烧中析出的炭粒子、焦油状液滴，以及房屋倒塌时扬起的灰尘等组成。这些烟尘随热空气一起流动，若被人吸入呼吸系统，会堵塞、刺激内黏膜，有时甚至能危害人的生命。其毒害作用随烟尘的温度、直径大小不同而不同，其中温度高、直径小、化学毒性大的烟尘对呼吸道的损害最为严重。飞入眼中的颗粒会使人流泪，损伤人的视觉。烟尘进入鼻腔和喉咙后，使人打喷嚏和咳嗽。气流里的烟尘冷却到一定温度，水、蒸汽、酸、醛等便会凝结在这些烟尘上，人体如果吸入这种充满水分的颗粒，很可能把毒性很大或具有刺激性的、由不同成分组成的液体带入呼吸系统。

141

（4）毒性气体。火灾中可燃物质燃烧产生大量烟雾，其中含有一氧化碳、二氧化碳、氯化氢、氮的氧化物、硫化氢、氰化氢、光气等毒性气体。这些气体对人体的毒害作用很复杂。由于火场中往往同时存在多种毒性气体，其联合作用比单独吸入一种毒性气体的危害更严重。这些毒性气体对人体有麻醉、窒息、刺激等作用，损害呼吸系统、中枢神经系统和血液循环系统，在火灾中严重影响人们的正常呼吸和逃生，直接危害人的生命安全。

◎专家提示

缺氧、高温、烟尘、毒性气体是火灾现场对人体的主要危害因素，其中任何一种危害都能置人于死地。

◎血的教训

某日，广东省深圳市某玩具厂发生火灾，导致87人死亡、51人受伤。事故后发现，许多工人是因玩具厂楼梯下的卷帘门被焊死无法逃生而被毒气熏死的。

97. 火场逃生需做哪些准备工作?

（1）健全组织，明确分工。机关团体、企业、事业单位要成立专门的应急救援机构，指定专人负责并明确职责，同时建立若干小组，如报警引导组、疏散抢险组、安全救护组等，以便发生火灾时人员有序地逃生与疏散。

（2）制定逃生方案。应根据火势大小和不同部位制定不同类型的应急预案和逃生方案，画出疏散图，标注所有门、窗、通道、室外特征和可能的障碍，明确规定疏散信号、疏散路线、疏散通道和疏散方法，指出从每个房间逃生的主要路线和备用路线，防止大量人员涌向一个出口，造成踩伤和挤伤事故，并根据情况的变化及时修订。逃生路线越多，逃生机会就会越多。

（3）加强逃生知识的学习和演练。了解有关科学知识，学习火场逃生知识，掌握火场逃生方法；进行逃生技能应用训练，熟悉疏散路线，了解疏散方案和行为要求；定期不定期地进行演练，实际检验每条逃生路线，确保每条逃生路线在紧急情况下能使用。

（4）熟悉环境。熟悉自己居住、工作的建筑结构，清楚楼梯、电梯、大门、通道，尤其是安全门、消防通道等疏散途径，应该对它们了如指掌。即使出差、旅游在外，入住酒店，也应该注意观察楼梯、消防通道、紧急指示标志等的方向和位置，以防万一。通常，在酒店房间的大门背后都贴有紧急疏散路线示意图，它简明扼要地介绍了逃生路线。即使平时不看，至少在发生火灾冲出房门逃生前，用一二十秒看一下，也能引导人们向正确的方向逃生，避免在火场中迷失方向。在环境陌生的公共场所突然遭遇火灾，必须以紧急通道的指示灯（标志）来判别正确的逃生方向，沿着其引导的路线疏散，以便逃离发生火灾的建筑物。

（5）保持通道畅通无阻。楼梯、通道、安全出口等是火灾时最重要的逃生途径，平时应保持畅通无阻，不可堆放杂物或设闸上锁。

（6）配置救生器材。新建民用建筑，特别是高层建筑、地下建筑、商场、宾馆、歌舞厅、劳动密集型工厂等人员聚集场所，疏散楼梯数量、宽度、形式及火灾自动报警、自动灭火系统等应符合规范要求，应配备必要的应急灯、疏散标志和救生网、救生袋、救生软梯、自救绳、救生气垫、滑杆、滑梯、缓降器等救生器材。

98. 火场逃生有哪些方法？

（1）扑灭小火，惠及他人利自身。当发生火灾时，如果发现火势并不大，且尚未对人造成很大威胁，且周围有足够的消防器材，如灭火器、消火栓等，应奋力将小火控制、扑灭，千万不要惊慌失措地乱叫乱窜，或置他人于不顾而只顾自己"开溜"，避免置小火于不顾而酿大灾。

（2）保持镇静，明辨方向，迅速撤离。遭遇火灾，面对浓烟和烈火时，首先要强令自己保持镇静，迅速判断危险地点和安全地点，决定逃生办法，尽快撤离险地。千万不要盲目跟从人流、乱冲乱窜。从火场撤离时，尽量朝空旷处跑，要尽量往较低楼层跑（特殊情况例外），如果通道已被烟火封阻，则应背向烟火方向离开，通过阳台、气窗、天台等快速向室外逃生。

（3）不入险地，不贪财物。在火场中，人的生命是最重要的。身处险地，应尽快撤离，不要因害羞或顾及贵重物品，而把宝贵的逃生时间浪费在穿衣或寻找贵重物品上。已经逃离险地的人员切莫重返险地。

（4）简易防护，蒙鼻匍匐。逃生时经过充满烟雾的路线，要防止烟雾中毒，预防窒息。为了防止火场浓烟呛入，可采用毛巾、口罩蒙鼻，匍匐撤离的办法。烟气温度高，比空气轻而漂浮于上部，贴近地面撤离是避免烟气吸入的最佳方法。穿过烟火封锁区，应佩戴防毒面具、头盔、阻燃隔热服等防护品，如果没有这些防护品，可向头部、身上浇冷水或用湿毛巾、湿棉被、湿毯子等将头、身裹好，再冲出去。

（5）善用通道，莫入电梯。按规范标准设计建造的建筑物，都会有两条以上逃生楼梯、通道或安全出口，发生火灾时，要根据情况选择进入相对较为安全的楼梯通道逃生。除可利用楼梯外，还可以利用建筑物的阳台、窗台、屋顶等攀到周围的安全地点，沿着落水管、避雷线等建筑结构中的凸出物滑下楼也可脱险。在高层建筑中，电梯的供电系统在火灾时随时会断电，电梯因热的作用可能发生变形而使人被困在电梯内，同时由于电梯井犹如贯通的烟囱一样直通各楼层，有毒的烟雾直接威胁被困人员的生命，因此，千万不要乘普通电梯逃生。

（6）缓降逃生，滑绳自救。高层、多层公共建筑内一般都设有高空缓降器或救生绳，人员可以通过这些设施安全地离开危险的楼层。如果没有这些专门设施，而安全通道已被堵，救援人员不能及时赶到，可以迅速利用身边的绳索或床单、窗帘、衣服等自制简易救生绳，并用水打湿从窗台或阳台沿绳缓滑到下面楼层或地面，安全逃生。

（7）创造避难场所，固守待援。假如用手摸房门已感到烫手，此时一旦开门，火焰与浓烟势必迎面扑来。逃生通道被切断且短时间内无人救援时，可采取创造避难场所、固守待援的办法。首先应关紧迎火的门窗，打开背火的门窗，用湿毛巾或湿布塞堵门窗缝，然后不停用水淋透房间，防止烟火渗入，固守在房内，直到救援人员到达。

（8）缓晃轻抛，寻求援助。被烟火围困暂时无法逃离的人员，应尽量待在阳台、窗台等易于被人发现和能避免烟火近身的地方。在白天，可以向窗外晃动鲜艳的衣物，或外抛轻型晃眼的东西；在晚上，可以用手电筒不停地在窗口闪动或者敲击东西，及时发出有效的求救信号，引起救援人员的注意。因为消防人员进入室内都是沿墙壁摸索行进，所以，因烟气窒息失去自救能力时，应努力滚到墙边或门边，便于消防人员寻找、营救。此外，滚到墙边也可防止房屋结构塌落砸伤自己。

（9）跳楼有术，虽损求生。处在火灾烟气中的人，精神上往往陷于极端恐惧和接近崩溃，惊慌的心理极易导致伤害行为，如跳楼逃生。应该注意的是，只有消防人员准备好救生气垫，并指挥跳楼或楼层不高（一般在三层以下）时，才能采取跳楼的方法。即使已没有任何退路，如果生命还未受到严重威胁，也要冷静地等待消防人员的救援。跳楼也要讲技巧，应尽量往救生气垫中部跳或选择有水池、软雨篷、草地等的方向跳；如有可能，要尽量抱些棉被、沙发垫等松软物品或打开大雨伞跳下，以减缓冲击力。如果徒手跳楼，可扒窗台或阳台使身体自然下垂跳下，以尽量降低垂直距离。落地前要双手抱紧头部，身体弯曲蜷成一团，以减少伤害。跳楼虽可求生，但会对身体造成一定的伤害，所以要慎之又慎。

（10）火已及身，切勿惊跑。火场上的人如果发现身上着了火，千万不可奔跑或用手拍打，因为奔跑或拍打时会形成风势，加速氧气的补充，促使火势更旺。当身上衣服着火时，应尽快设法脱掉衣服就地打滚，压灭火苗；及时跳进水中或让他人在身上浇水、喷灭火剂更为有效。

（11）身处险境，自救莫忘救他人。任何人发现火灾，都要尽快拨打"119"电话呼救，及时报火警。对于火场中的儿童和老弱病残者，他们本人不具备或者丧失了自救能力，在场的其他人除自救外，还应当积极救助他们尽快逃离险境。

◎相关链接

某日，重庆市位于渝北区的一家招待所突然发生大火（位于三楼），在这场大火中，两个花季女孩走向了两个不同的结局：一位惊慌失措，跳楼身亡，年轻的生命戛然而止；另一位用棉被裹身，毫发无损地冲出了火场。两种不同的命运，只因为采取了两种不同的逃生方式。由此可见，在生死瞬间，多一点技能，就多一点逃生的把握；多一点逃生的知识，就多一分生存的希望。

某年哈尔滨"4·17"大火中，大火吞噬了五条街，死伤几十人。然而，却有几户居民奇迹般地生存下来。原来，当大火袭来时，他们已无法从火海中冲出去，这几户居民没有惊慌失措、乱跑乱钻，而是立即行动起来，先把阳台上堆放的杂物扔掉，同时往阳台上泼水。接着，他们紧闭门窗，将家中的被褥、毯子和棉衣、棉裤用水浸湿，蒙在门窗上，并不断往地上、床上和屋内所有可燃物上泼水，始终没有让烈焰烧进屋里。半夜的时候，火势减弱，他们开门用手电筒向外发出求救信号，结果被消防人员发现而获救。

99. 在火场中如何进行互救？

火场互救分为自发性互救和有组织的互救。

（1）自发性互救是指在火灾现场，在无组织、无领导的情况下，群众所采取的一种自觉自愿的救助行为。例如，当火灾发生时高喊"着火了"，或敲门向左邻右舍报警，周围的邻居听到着火的消息后，年轻力壮和有行为能力的人跑来救人、灭火和帮助年老体弱者、妇女和儿童逃离火场。

（2）有组织的互救是指在火灾初期，消防人员尚未到达火场之前，由起火单位的干部和职工组织起来的互救行为。例如，火灾发生时，利用喊话、广播通知，引导被火围困人员逃离险境；当疏散通道被烟火封锁时，协助架设梯子、抛绳子、递竹竿等帮助被困人员逃生。有条件的，还可在楼下拉起救生网，放置柔软物体，救助从楼上往下跳的人员。对于配有一般消防器材的建筑，还可利用建筑物内的水带、水枪为被围困人员开辟通道，帮助其迅速逃离火场。

100. 高层建筑火灾如何逃生?

（1）充分利用建筑内的消防设施扑灭初起火灾。高层建筑一旦发生火灾，首先要镇静，不要惊慌失措，要迅速找到起火点，若是初起火灾，要设法扑救。如果是电器起火，先关上电源；如果是天然气起火，先切断气源，然后用灭火器将火扑灭。扑救的同时，尽快设法打火警电话报警。

（2）以最快的速度离开火场。尽量利用建筑物内已有的设施进行逃生，是争取逃生时间、提高逃生率的重要办法。

1）利用消防电梯疏散逃生，但着火时千万不能乘坐普通电梯。

2）利用建筑物的防烟楼梯、普通楼梯、封闭楼梯逃生。

3）利用建筑物的阳台、通廊、避难层、室内设置的缓降器、救生袋、安全绳等逃生。

4）利用观光楼梯避难逃生。

5）利用墙边落水管逃生。

6）将房间内的床单等物连接起来滑降逃生。

（3）不同位置、不同条件下的人员采取的逃生方法不同。

1）当某一楼层某一部位起火，且火势已经开始发展时，应注意听广播通知，广播会告诉着火的楼层，以及安全疏散的路线、方法等。不要一听有火警就惊慌失措，盲目行动。

2）当房间内起火，且门已被火封锁，室内人员不能顺利疏散时，可另寻其他通道。例如，通过阳台或走廊转移到相邻未起火的房间，再利用这个房间通道疏散。

3）如果在晚上听到报警，首先应该用手背试一试房门是否已变热，如果是热的，门不能打开，否则烟和火就会冲进房间；如果房门不热，火势可能还不大，通过正常的途径逃离房间是可能的。离开房间以后，一定要随手关好身后的门，以防火势蔓延。如果在楼梯间或过道上遇到浓烟，要马上停下来，千万不要试图从烟火里冲出，应选择易被发现的地方，向救援人员求救。

4）当某一防火区着火，如楼房中的某一单元着火，且楼层的大火已将楼梯间封住，致使着火层以上楼层的人员无法从楼梯间向下疏散时，被困人员可先疏散到楼顶，再从相邻未着火的楼梯间往地面疏散。

5）当着火层的走廊、楼梯被烟火封锁时，被困人员要尽量靠近当街窗口或阳台等容易被人看到的地方，向救援人员发出求救信号，如呼唤，向楼下抛掷一些小物品，用手电筒往下照等，以便让救援人员及时发现，采取救援措施。

6）在充满烟雾的房间和走廊内，由于烟和热气上升，离地板近的地方烟雾相对少一点儿，逃离时最好弯腰使头部尽量接近地板，必要时应匍匐前进。

7）如果处于楼层较低（三层以下）的被困位置，当火势危及生命又无其他方法可自救时，可将室内床垫、被子等软物抛到楼底，从窗口跳至软物上逃生。

（4）互相帮助，共同逃生。对老弱病残者、孕妇、儿童及不熟悉环境的人，要引导疏散，帮助其逃生。

101. 商场（集贸市场）发生火灾如何逃生？

（1）利用疏散通道逃生。每个商场都按规定设有室内楼梯、室外楼梯，有的还设有自动扶梯、消防电梯等，发生火灾后，尤其是在火灾的初起阶段，可利用这些疏散通道逃生。在下楼梯时，应抓住扶手，以免被人群撞倒。

（2）自制器材逃生。商场（集贸市场）是物资高度集中的场所，商品种类繁多，发生火灾后，可用于逃生的物资是比较多的。例如，用浸湿后的毛巾、口罩捂住口、鼻可防烟；利用绳索、布匹、床单、地毯、窗帘来开辟逃生通道，如果商场（集贸市场）还经营五金等商品，可以利用各种机用皮带、消防水带、电缆线来开辟逃生通道；商场（集贸市场）经营的各种劳动防护用品，如安全帽、摩托车头盔、工作服等，可以避免烧伤和坠落物品砸伤。

（3）利用建筑物逃生。发生火灾时，如上述两种方法都无法逃生，可利用落水管、房屋内外的凸出部分和各种门、窗以及建筑物的避雷网（线）进行逃生，或转移到安全区域再寻找机会逃生。逃生时，要大胆、细心，切不可盲目行事，否则容易发生伤亡。

（4）寻找避难处所。在无路可逃的情况下，应积极寻找避难处所。例如，到室外阳台、楼顶等待救援；选择火势、烟雾难以蔓延的房间关好门窗，堵塞缝隙，房间如果有水源，可将门、窗和各种可燃物浇湿，以阻止或减缓火势和烟雾的蔓延。无论白天或晚上，被困人员都应大声呼救，不断发出各种呼救信号，以引起救援人员的注意，帮助自己脱离困境。

102. 影剧院火灾如何逃生？

影剧院人多、疏散通道少，给人员逃生带来了很大的困难。为了迅速疏散人群，影剧院里都设有消防疏散通道，并装有门灯、壁灯、脚灯等应急照明设备，设有"出口处""非常出口""紧急出口"等指示标志。发生火灾后，逃生人员应按照这些应急照明设备指引的方向，迅速选择就近人流量较小的疏散通道撤离。

（1）当舞台发生火灾时，火灾蔓延的主要方向是观众厅。厅内不能及时疏散的人员，要尽量靠近放映厅的一端抓住时机逃生。

（2）当观众厅发生火灾时，火灾蔓延的主要方向是舞台，其次是放映厅。逃生人员可利用舞台、放映厅和观众厅的各个出口迅速疏散。

（3）当放映厅发生火灾时，由于火势对观众厅的威胁不大，逃生人员可以利用舞台和观众厅的各个出口进行疏散。

（4）发生火灾时，楼上的观众可从疏散门由楼梯向外疏散。如果楼梯被烟雾阻隔，在火势不大时，可以从火中冲出去，虽然人可能会受伤，但可避免生命危险。此外，还可就地取材，利用窗帘等自制救生器材，开辟疏散通道。

（5）逃生人员要听从影剧院工作人员的指挥，切忌互相拥挤、乱跑乱窜，以免堵塞疏散通道，影响疏散速度。

（6）疏散时，人员要尽量靠近承重墙或承重构件部位行走，以防坠物砸伤。特别是在观众厅发生火灾时，人员不要在大厅中央停留。

103. 歌舞厅、卡拉 OK 厅等娱乐场所火灾如何逃生？

（1）逃生时必须冷静。由于歌舞厅、卡拉 OK 厅一般都在晚上营业，并且进出顾客随意性大、人员密度很高，加上灯光暗淡，失火时容易造成人员拥挤，引发挤伤事故。因此，只有保持清醒的头脑，明辨安全出口的方向，采取一些紧急的避难措施，才能掌握主动，减少人员伤亡。

（2）积极寻找多种逃生方法。在发生火灾时，首先应该想到通过安全出口迅速逃生。特别要提醒的是，由于大多数歌舞厅、卡拉 OK厅人员密度很大，在逃生过程中，一旦人员蜂拥而出，极易造成安全出口堵塞，使人员无法顺利通过而滞留火场。这时就应该克服盲目从众心理，可选择破窗而出的逃生措施。对设在楼层底层的歌舞厅、卡拉 OK 厅，可直接从窗口跳出。对于设在二至三层的歌舞厅、卡拉 OK 厅，可用手抓住窗台往下滑跳，尽量减小高度，且让双脚先着地。对于设在高层楼房中的歌舞厅、卡拉 OK 厅发生火灾时，首先应选择疏散通道、疏散楼梯、楼顶和阳台逃生。一旦上述逃生之路被火焰和浓烟封住，应该选择落水管道和窗户进行逃生。通过窗户逃生时，必须用窗帘或地毯等结成长条，制成安全绳，用于滑绳自救。

（3）寻找避难场所。设在高层建筑中的歌舞厅、卡拉 OK 厅发生火灾，且逃生通道被大火和浓烟封堵，又一时找不到辅助逃生设施时，被困人员可以暂时逃向火势较轻的地方，向窗外发出求援信号，等待消防人员营救。

（4）互相救助逃生。在歌舞厅、卡拉 OK 厅进行娱乐活动的青年人比较多，身体素质好，可互相救助逃离火场，或帮助年长者逃生。

（5）在逃生过程中要防止中毒。由于歌舞厅、卡拉 OK 厅四壁和顶部有大量的塑料、纤维等装饰物，一旦发生火灾，会产生大量有毒气体。因此，在逃生过程中，尽量避免大声呼喊，防止烟雾进入呼吸道。应用水浸湿衣服捂住口、鼻，一时找不到水时，可用饮料代替来浸湿衣服，并采用低姿行走或匍匐爬行，以减少烟气对人体的伤害。

◎ **血的教训**

某日，辽宁省阜新市某歌舞厅发生特大火灾，由于该歌舞厅只有一个北门进出口，起火后，人们都涌向北门，结果在往外挤时，慌乱无序，将门死死卡住，谁也出不去。就这样，堵住了很多人的生路。

104. 单元式住宅火灾如何逃生？

（1）利用门窗逃生。利用门窗逃生的前提条件是火势不大，还没有蔓延到整个单元住宅，同时受困者较熟悉燃烧区内通道。具体方法：把被子、毛毯或褥子用水淋湿裹住身体，低身冲出受困区；或者将绳索一端系于窗户中横框（或室内其他固定构件上，无绳索时，可用床单和窗帘撕成布条代替），另一端系于两腋和腹部，将从窗降至地面或下层窗口，然后破窗入室从疏散通道逃生。

（2）利用阳台逃生。在火场中由于火势较大无法利用门窗逃生时，可利用阳台逃生。按要求，高层单元住宅建筑从第七层开始每层相邻单元的阳台相互连通，在此类楼层中受困，可拆破阳台间的分隔物，从阳台进入另一单元，再进入疏散通道逃生。建筑物中无连通阳台但阳台相距较近时，可将室内的床板或门板置于阳台之间搭桥通过。如果楼道走廊已充满浓烟而无法通过时，可紧闭与阳台相通的门窗，站在阳台上避难。

（3）利用空间逃生。在室内空间较大且着火面积不大时，可利用这个方法。其具体做法：将室内（卫生间、厨房都可以，室内有水源最佳）的可燃物清除干净，同时清除与此室相连室内的部分可燃物，清除明火对门窗的威胁，然后紧闭与燃烧区相通的门窗，防止烟和有毒气体进入，等待火势熄灭或消防人员的救援。

（4）利用时间差逃生。当火势封闭了通道时，可利用时间差逃生。由于一般单元式住宅为一、二级防火建筑，耐火极限为 2~2.5 h，只要不是建筑整体受火势威胁，局部火势一般很难致使住宅倒塌。利用时间差的具体逃生方法：人员先疏散至离火势最远的房间内，准备被子、毛毯等，将其淋湿，采取利用门窗逃生的方法逃生。

（5）利用管道逃生。房间外墙壁上有落水或供水管道时，有能力的人可以利用管道逃生。这种方法一般不适用于妇女、老人和儿童。

105. 火场逃生中常见的错误行为有哪些？

（1）原路脱险。这是人们最常见的火灾逃生行为模式。因为大多数建筑物内部的平面布置、道路出口一般不为人们所熟悉，一旦发生火灾，人们总是习惯沿着进来的出入口和楼道进行逃生，当发现此路被封死时，才被迫去寻找其他出入口。殊不知，此时已失去最佳的逃生时间。因此，当进入新的建筑物时，一定要对周围的环境和出入口进行必要的了解，以备不测。

（2）向光朝亮。这是在紧急危险情况下，由于人的本能、生理、心理所决定，人们总是向着有光、明亮的方向逃生。光和亮就意味着生存的希望，它能为逃生者指明方向，避免瞎摸乱撞。但这时的火场中，可能电源已被切断或已造成短路、跳闸等，光和亮之地正是火魔肆无忌惮逞威之处。

（3）盲目追随。当人突然面临危险时，极易因惊慌失措而失去正常的判断思维能力，当听到或看到有人在前面跑动时，第一反应就是盲目紧紧地追随其后。常见的盲目追随行为模式有跳窗、跳楼及逃（躲）进卫生间、浴室、门角等。只要前面有人带头，追随者也会毫不犹豫地跟随其后。克服盲目追随的方法是平时要多了解与掌握一定的消防自救与逃生知识，避免事到临头没有主见而随波逐流。

（4）自高向下。俗话说：人往高处走，火焰向上飘。当高楼大厦发生火灾，特别是高层建筑一旦失火，人们总是习惯性地认为，火是从下面往上着的，越高越危险，越下越安全，只有尽快逃到一层，跑出室外，才有生的希望。殊不知，这时的下层可能是一片火海，盲目地朝楼下逃生，会自投火海。随着消防装备现代化，当发生火灾时，有条件的可登上房顶或在房间内采取有效的防烟、防火措施后等待救援，也不失为明智之举。

（5）冒险跳楼。人们在开始发现火灾时，会立即做出第一反应，这时的反应大多还是比较理智的。但是，当选择的路线逃生失败，发现判断失误而逃生之路又被大火封死，火势越来越大，烟雾越来越浓时，人们很容易失去理智。此时，不要轻率地从高层跳楼、跳窗等，不可盲目采取冒险行为，而应积极另谋生路，争取更好的求生机会。

106. 火场逃生应注意哪些问题?

（1）保持镇静，克服惊慌心理，谨防心理崩溃。许多在火灾中死去的人都是"先亡于心，后亡于身"的，这就要求人们具备良好的心理素质，遇事沉着冷静。烟火的出现，并非意味着已无路可逃，相反，要坚定求生信念，不断告诫自己一定能脱离险境，使心理保持稳定，正确估计火灾形势，利用一切可能利用的逃生条件脱离险境。在危难时刻，不要局限于利用原有的疏散通道，应开动脑筋，多想办法，才能死里逃生。

（2）起火初期逃生时，报警和呼救要同时进行。不要只顾逃生忘记报警，延缓报警会给自己和他人带来极大的危害。处于烟雾之中时，不应采用呼喊的方法呼救，防止吸入烟气中毒，而应采用向窗外发求救信号等方法。

（3）逃生时要随手关闭通道上的门窗，以阻止和延缓烟雾向逃离的通道流窜。

（4）避免盲目从众行为。人员聚集场所一旦起火，人们往往蜂拥而出，极易造成安全出口堵塞和拥挤踩踏现象。这时应积极寻找多种途径逃生，如破窗逃出。

（5）火场逃生要迅速，动作越快越好。不要因穿衣服或寻找贵重物品而延误时间，要树立时间就是生命、逃生第一的思想。

（6）不要向狭窄的角落退避。火场中经常在壁橱或床下发现遇难者，火和烟是可怕的，躲避也是正常的，但不要躲藏在诸如床下、墙角、衣柜等不利逃生和不易被人发现的地方。

（7）不要在烟气中直立行走，做深呼吸，尽量低姿势匍匐前进，用湿毛巾捂住口鼻。

（8）不要重返火场。人员一旦脱离危险，就要留在安全区域，有情况及时向救援人员反映，切不可因抢救贵重物品或寻找亲人而盲目重返火场。

（9）火灾时不要乘坐普通电梯。原因有两个：其一，发生火灾后，往往容易断电而造成电梯"卡壳"，给救援工作增加难度；其二，电梯口直通大楼各层，火场上烟气涌入电梯井极易形成"烟囱效应"，人在电梯里随时会被浓烟毒气熏呛而窒息。

（10）不要身穿着火衣服跑动。应迅速将衣服脱下，如果来不及脱掉可就地翻滚，将火压灭。附近有水池、河塘等，可迅速跳入水中。

（11）不能盲目跳楼，即使被大火困在房内无法脱离，也要利用一切可行的方法，坚守"阵地"，耐心等待救援，不到烟熏火烤不得已时，一般不可盲目采用跳楼的方法。

（12）要正确估计火势的发展和蔓延势态。不得盲目采取行动，要在考虑安全及可行性后方可采取措施，同时防止产生侥幸心理。

◎**血的教训**

在一次火灾中，有人本来完全有时间逃离火场，可是在一扇无论如何也推不开的大门前受阻了，要不是消防队员及时赶到，险些被大火活活烧死。事后他才发现，原来那天费了九牛二虎之力也没有推开的大门，其实是向里开的，只要轻轻向里一拉，这扇大门就打开了。可是，他当时只是一味推门，用全力冲撞门，急于撞开一条逃生之路，却压根儿没想到这门不一定向外开，也可能向里开，应该拉一下试试。

有人盲目地从十几层楼上跳下来，这与其说是逃生，倒不如说是自杀；还有人在火灾现场头脑里一片空白，束手无策地坐以待毙……这样的例子举不胜举。

107. 烧烫伤如何急救?

（1）离开热源，快速散热。处理小面积表皮浅层烧伤的简便而又有效的措施，即立即让伤者离开热源，脱去着火的衣物，迅速用清洁的水、冰水浸泡或冲洗被烧伤部位，不便浸泡的胸、背部位可用冷水浸湿毛巾冷敷。

（2）保护创面，防止感染。应特别注意保护烧伤部位，不要碰破皮肤。烧伤面水疱已破损时，不要随便涂抹药水或敷涂未经消毒的东西，应用干净的布、手帕、毛巾进行包扎，防止创面感染。天气寒冷时还要注意保暖。

（3）补充盐水，避免休克。注意烧伤者是否有外伤或骨折。若有大出血的伤口，应用干净的带子扎捆止血，每隔 15 min 松开一次。若骨折，应用夹板包扎固定，脊椎骨折伤者要平卧于硬板上，将其搬运到医院，以防止加重伤者的痛苦。为防止休克，应给伤者口服止痛片或饮淡盐茶水、淡盐水等，一般以少量多次为宜，如发生呕吐、腹胀等，应停止口服。禁止只给伤者喝白开水或糖水，以免引起脑水肿等并发症。

（4）积极抢救，防止窒息。大面积烧伤的伤者往往会因为伤势过重而休克，此时伤者的舌头容易收缩而堵塞咽喉，从而发生窒息而死亡。在场人员应将伤者的嘴撬开，将舌头拉出，保证呼吸畅通。同时用被褥将伤者轻轻裹起，送往医院治疗。

第五部分 消防管理

108. 企业消防安全管理组织是如何构成的?

（1）防火安全委员会或防火安全领导小组。防火安全委员会或防火安全领导小组是企业加强消防安全工作领导的一种有效组织形式。企业的法定代表人或主要负责人是企业消防安全工作的第一责任人，应当担任防火安全委员会或防火安全领导小组的主任或组长。成员应包括企业内各部门的消防安全责任人，形成一个自上而下、行之有效的消防安全管理决策机构。

（2）企业内的保卫部门或安全技术部门。企业内的保卫部门或安全技术部门是企业内负责消防安全工作的常设机构，也是防火安全委员会或防火安全领导小组的办事机构。企业应配备专、兼职消防安全管理人员，并对企业的消防安全责任人负责。

（3）企业专职消防队。专职消防队可由一个企业单独建立，也可以由几个企业联合建立。专职消防队的日常管理工作通常由企业内的消防保卫部门负责，专职消防队在消防业务上应当接受当地消防救援机构的指导，消防救援机构有权指挥调动专职消防队参加火灾救援工作。

（4）志愿消防队。志愿消防队是业余性和群众性的自防自救消防组织。志愿消防队接受企业消防安全保卫部门的领导，所需经费由各企业开支，业务上应当接受当地消防救援机构的指导。志愿消防队队员来自企业各个岗位和部门，熟悉企业的具体情况，懂技术，懂操作，懂原材料、产品、半成品性能。他们掌握了消防知识，将会起到国家综合性消防救援队、企业专职消防队取代不了的重要作用。

◎ **法律提示**

《中华人民共和国消防法》第三十六条规定，县级以上地方人民政府应当按照国家规定建立国家综合性消防救援队、专职消防队，并按照国家标准配备消防装备，承担火灾扑救工作。

乡镇人民政府应当根据当地经济发展和消防工作的需要，建立专职消防队、志愿消防队，承担火灾扑救工作。

《中华人民共和国消防法》第三十九条规定，下列单位应当建立单位专职消防队，承担本单位的火灾扑救工作：

（1）大型核设施单位、大型发电厂、民用机场、主要港口；

（2）生产、储存易燃易爆危险品的大型企业；

（3）储备可燃的重要物资的大型仓库、基地；

（4）第一项、第二项、第三项规定以外的火灾危险较大、距离国家综合性消防救援队较远的其他大型企业；

（5）距离国家综合性消防救援队较远、被列为全国重点文物保护单位的古建筑群的管理单位。

《中华人民共和国消防法》第四十一条规定，机关、团体、企业、事业等单位以及村民委员会、居民委员会根据需要，建立志愿消防队等多种形式的消防组织，开展群众性自防自救工作。

109. 企业消防安全责任制的核心是什么？

消防安全责任制度是企业内部消防安全管理规章制度中对各级领

导、各级组织和全体职工规定消防安全职责方面的制度，是根据"预防为主、防消结合"的方针，坚持专门机构与群众相结合的原则来制定的。建立企业消防安全责任制的目的是建立健全纵横向岗位的防火责任制，注重以自我控制为基础，加强安全教育，提高全体人员的安全意识，完善具有约束力的措施，达到责任落实、齐抓共管的要求，保证企业消防安全符合标准。

企业消防安全责任制的核心是实现安全生产的"五同时"。企业管理生产的同时，必须负责管理消防安全工作，即在计划、布置、检查、总结、评比生产的时候，同时计划、布置、检查、总结、评比消防安全工作。消防安全工作必须由行政第一把手负责，厂、车间、班组、工段、小组的各级第一把手都应负第一位责任。凡是严格认真地贯彻了"五同时"，就是尽了责任，反之就是失职。如果因此而造成事故，就要视事故后果的严重程度和失职程度，由行政机关进行行政处理，甚至司法机关追究法律责任。

◎ **法律提示**

《中华人民共和国消防法》第十六条规定，机关、团体、企业、事业等单位应当履行下列消防安全职责：

（1）落实消防安全责任制，制定本单位的消防安全制度、消防安全操作规程，制定灭火和应急疏散预案；

（2）按照国家标准、行业标准配置消防设施、器材，设置消防安全标志，并定期组织检验、维修，确保完好有效；

（3）对建筑消防设施每年至少进行一次全面检测，确保完好有效，检测记录应当完整准确，存档备查；

（4）保障疏散通道、安全出口、消防车通道畅通，保证防火防烟分区、防火间距符合消防技术标准；

（5）组织防火检查，及时消除火灾隐患；

（6）组织进行有针对性的消防演练；

（7）法律、法规规定的其他消防安全职责。

单位的主要负责人是本单位的消防安全责任人。

110. 企业消防安全责任制包括哪些内容?

企业消防安全责任制包括各级领导和各级组织的逐级消防安全职责，及全体职工的岗位消防安全职责。

（1）企业领导的消防安全职责。

1）企业主要负责人对企业的消防安全全面负责。企业主要负责人应认真贯彻执行国家和省、市消防安全方针、政策、法规；要把消防安全工作列入企业管理的重要议事日程；定期研究有关消防安全的重大问题；健全安全管理机构，确定专职消防安全管理人员；组织审批消防安全规划、计划、规章制度、消防安全操作规程和重大消防安全措施。

2）企业分管消防安全工作的负责人，直接领导消防安全部门的工作。企业分管消防安全的负责人应贯彻执行消防法规，保障企业的消防安全符合规定；及时研究解决或审批有关消防安全的重大问题；将消防工作与企业的生产、科研、经营、管理等活动统筹安排，批准实施年度消防工作计划；为集团的消防安全提供必要的经费；确定逐级消防安全责任，批准实施消防安全制度和保障消防安全的操作规程；组织企业消防安全大检查，落实重大火灾隐患的整改；按规定组织事故调查和上报；不定期召开消防安全会议，分析企业消防安全形势，及时解决消防安全中的问题；组织制定符合企业实际的灭火和应急疏散预案，并实施演练。

3）企业其他负责人、分公司主要负责人在各自分管的业务范围内，对落实消防安全工作负责。

（2）企业所属各部门、各单位负责人消防安全职责。根据一岗多责的原则，各部门、各单位负责人同时也是该部门、该单位消防安全工作负责人，对该部门、该单位消防安全全面负责。各部门、各单位负责人负责贯彻执行国家消防法规及企业的规章制度，对下属职工进行经常性的消防安全教育及考核，经常组织对该部门、该单位的消防安全检查，发现隐患及时整改；对该单位发生的消防安全事故及时报告，注意保护现场，查清原因，坚持"四不放过"的原则进行严肃处理；支持安全员的工作，发挥安全员的作用。

（3）消防安全部门的消防安全职责。消防安全部门应认真贯彻执行国家有关消防安全的法律、法规、规章、标准和规范，在企业分管消防安全工作的负责人领导下负责企业的消防安全工作；组织制定、修订企业消防安全规章制度并监督执行情况；组织企业消防安全大检查，对查出的火灾隐患，协助和督促有关部门落实整改措施；对新、改、建项目坚持并参加设计审查、竣工验收，使其符合消防安全要求；负责企业重点部位消防安全监督检查工作，经常进行现场检查，督促并协助解决有关消防安全问题，纠正违规行为、违章作业；遇有危及消防安全的紧急情况，有权责令其停止工作或生产，立即报告有关领导处理；负责各类隐患的汇总、统计、上报工作；建立健全消防安全管理组织，指导基层消防安全工作；对在消防安全中有贡献者和事故责任者，提出奖惩意见。

（4）教育和人事部门的消防安全职责。教育和人事部门应对新入企业人员及时组织安排消防安全知识教育，组织对职工消防安全技术教育；办理事故责任者的惩处手续，把消防安全工作纳入职工晋级和奖励考核，并会同有关部门监督执行。

（5）企业消防管理员的消防安全职责。企业消防管理员应贯彻执行消防法规，掌握企业的消防安全情况；组织实施日常消防安全管理工作；组织制定消防安全制度和保障消防安全的操作规程并检查督促其落实；拟订消防安全工作的资金投入和组织保障方案；负责监督和检查企业所属各单位、各企业的消防安全管理工作，经常进行现场安全巡视，发现问题立即责令整改，协助解决有关消防安全问题；组织实施对单位消防设施、灭火器材和消防安全标志的维护保养，确保其完好有效，确保疏散通道和安全出口畅通；组建管理志愿消防队；在职工中组织开展消防知识、技能的宣传教育和培训，组织灭火和应急疏散预案的实施和演练；负责消防安全管理工作和火灾隐患的汇总、统计、上报工作；参与组织企业消防安全检查，做好记录，撰写检查报告；对企业各单位安全员进行消防业务指导，协助领导落实各项安全措施。

（6）生产部经理、车间主任的消防安全职责。生产部经理对部门消防安全全面负责，车间主任对分管业务的消防安全负责。消防安全职责包括贯彻执行国家消防法律、法规及企业的规章制度；组织对新职工进行车间和班组消防安全教育，对职工进行经常性的消防安全教育，定期考核；组织班组消防安全活动；组织车间定期进行消防安全检查，发现隐患及时整改；严格执行消防安全管理制度；对车间发生的火灾事故及时报告，注意保护现场，查清原因，严肃处理；配备合格的志愿消防员，支持车间消防安全工作。

（7）车间安全员的消防安全职责。车间安全员负责车间的消防安全管理工作，协助车间主任贯彻执行国家消防法律、法规和企业各项规章制度，并监督执行情况；参与车间消防安全检查；负责编制车

163

间消防安全措施计划，并检查执行情况；搞好车间的消防安全教育和考核工作；检查落实防火制度，确保防火安全；每天深入现场检查，及时发现隐患；制止违章作业，负责车间消防设施、灭火器材的维护和事故隐患处理，提出改进意见和建议，做好统计分析和上报工作；协助领导落实各项安全措施；对班组安全员进行业务指导。

（8）班组长的消防安全职责。班组长负责组织职工学习、贯彻执行各项消防安全规章制度，教育职工遵章守纪，制止违章行为；组织新职工进行岗前消防安全教育；组织安全检查，发现隐患及时消除，并报告上级；组织事故抢救，保护现场，做好记录，参加和协助调查，落实防范措施。

（9）职工的消防安全职责。职工应认真学习和严格遵守各项消防安全规章制度、安全操作规程，不违章作业，劝阻、制止他人违章作业；正确分析、判断和处理各类事故苗头，把事故消灭在萌芽状态；发生事故要果断正确处理，及时如实向上级报告，严格保护现场，做好记录；妥善保管、正确使用各种消防设施和消防器材；积极参加各种消防安全活动；有权拒绝违反消防安全作业的指令。

111. 消防安全管理制度包括哪些内容？

（1）消防宣传教育制度。基本内容包括：对新进入企业的职工，包括合同工、季节工、临时工、基建外包工等，进行企业、车间和班组三级消防安全知识教育，经考核合格后才能上岗；对工人、改变工种或从事特殊工种的职工，还必须进行专门的安全操作技术培训，考核合格后持证上岗；志愿消防队应当在投产开工前以及年初或年中进行必要的消防演习活动，每年对全体职工进行一次消防安全知识考核；企业的消防安全教育和宣传，应做到制度化和经常化；应当向外来人员宣传消防安全知识和本企业的消防安全制度，主动同邻近单位和当地居民组织搞好消防安全联防工作；发生火灾后，应当适时组织召开火灾现场会，进行现场消防安全教育等。

（2）防火安全检查制度。基本内容包括：要求单位领导每月检查，部门领导每周检查，班组领导每日巡查，岗位职工每日自查；检查之前应当预先编制相应的防火检查表，规定检查内容要点、检查依据和检查合格标准，检查结果应当有记录；对于查出的火灾隐患应当及时整改等。

（3）建筑防火管理制度。基本内容包括：企业的消防规划、消防设施的设计要求和新建、改建、扩建的建筑工程，施工前报相关机构审核，工程竣工后报请相关机构参加验收的要求；搭建易燃建筑的限制要求，如特别需要也必须经企业领导同意，报相关机构审核，并规定使用期限等。

（4）用火用电防火制度。基本内容包括：确定用火管理范围，划分用火作业级别及其动火审批权限和手续；规定在禁烟禁火的范围不办理动火手续，不得擅自进行明火作业，有着火、爆炸危险的设备动火前应采取安全措施；制定吸烟和用火地点的防火要求，电动机、变压器、配电设备、电气线路和电热器具等电气设备安装、使用的防火要求等。

（5）易燃易爆危险物品防火管理制度。基本内容包括：规定单位易燃易爆危险物品的类别和品种，收发易燃易爆危险物品的手续；制定各类易燃易爆危险物品的防火和灭火措施；规定专人负责保管易燃易爆危险物品等。

（6）消防设施和器材管理制度。基本内容包括：规定消防设施和器材不得随意挪作他用，应当定期进行检测，发现损坏应当及时维修或更换，灭火药剂失效以后应当及时更换新药剂；消防器材的配置种类、数量及配置地点应当由专人负责，配置地点应当有明显的标志；消火栓不得埋压，消防通道应当畅通无阻等。

（7）火灾事故调查处理制度。基本内容包括：实行火灾事故处理的"四不放过"原则，即没有查清起火原因不放过，单位领导和火灾事故责任者没有受到处理不放过，单位职工没有受到教育不放过，没有制定和落实防范措施和改进措施不放过；积极协助消防救援机构保护火灾现场，调查火灾原因，对于火灾事故责任者提出处理意见，提出具体的防范措施和改进措施。

（8）消防安全工作奖惩制度。基本内容包括：制定消防工作具体的奖惩条件和标准，对于消防工作成绩突出的下属单位和个人应当给予表彰和奖励，规定具体的评奖标准和方法；对于违反消防安全管理规章制度的下属单位和个人，除由司法机关、公安机关依法进行刑事处罚、行政处罚之外，单位应当规定具体的内部行政处分标准和方法。

（9）重点部位的防火管理制度。单位内的消防安全重点部位，如易燃易爆危险物品生产、储存、使用场所及汽油库、汽车库、变配电室、化验室、锅炉房等，应当结合实际情况制定具体可行的防火管理制度。

（10）重点工种的防火管理制度。单位内的重点工种大致包括易燃易爆危险物品生产、储存、使用岗位上的操作工、电焊工、气焊工、油漆工、警卫值班员等。这些重点工种及其所在岗位应当结合实际情况制定具体可行的防火工作职责和防火管理制度。

112. 进行消防安全教育和培训有什么意义？

（1）能够普及消防知识，提高职工的消防意识。消防安全教育是贯彻消防工作群众路线的一项重要措施。企业的消防安全工作是一项涉及整个企业及广大职工群众的工作，必须充分发动和依靠职工群众才能搞好。消防安全工作要走群众路线，就必须通过宣传教育，充分调动职工群众做好消防安全工作的积极性，提高企业职工的消防安全意识。

（2）能够防范火灾事故，减少火灾损失。我国的大多数重特大火灾都发生在企业和公共场所。从火灾造成的危害看，一方面，火灾会造成巨大的经济损失和人员伤亡，影响经济的发展，严重的火灾往往导致生产停滞、企业破产。另一方面，火灾会使职工群众的生命受到威胁，影响社会的稳定和繁荣。通过广泛的消防安全教育，可使企业职工人人重视防火，处处注意安全，营造良好的消防安全环境，从而促进社会的稳定和繁荣。

（3）增强职工在消防安全方面的责任感。从消防工作的实践看，引起火灾的原因很多，但制约因素是人而不是物。火灾统计分析也同样表明，绝大多数的火灾是人们思想麻痹、用火不慎或违反消防安全规章制度和操作规程造成的。所以，要把企业的消防安全工作做好，必须通过必要的教育形式，向职工普及消防常识，增强职工的责任感和法制观念、集体观念，自觉遵守消防安全规章制度和操作规程。

（4）能够加强消防应急管理，提高自救能力，保护人身财产安全。从企业消防安全的实践看，职工群众是消防安全实践的主体，只有教育和依靠职工群众，企业的消防安全工作才会有坚实的基础，才能得到巩固和发展，职工群众才能在火灾事故发生时采取具体可行的措施，进行自救互救，最大限度保护人身财产的安全。

113. 消防安全教育和培训主要包括哪些内容？

（1）消防工作方针和政策教育。企业的消防安全工作是随着经济建设和工业化程度的发展而发展的。"预防为主，防消结合"的消防工作方针以及消防安全工作的各项具体政策，是保障社会生产和人民生命财产安全的重要措施。所以，进行消防安全教育，首先应当进行消防工作方针和政策教育，这是调动职工群众积极性、做好企业消防安全工作的前提。

（2）消防安全法规教育。通过消防安全法规教育，可以增强职工群众的法制观念，使广大职工群众懂得哪些应该做，应该怎样做，哪些不能做，为什么不能做，做了有什么危害和后果等，从而增强责任感和自觉性，保证各项消防法规的贯彻执行。

（3）消防安全知识教育。消防安全知识应当包括燃烧发生的条件，燃烧和爆炸的基本知识，危险品的特性及生产、使用、储存、运输、销售的防火常识，用电、用火的防火知识，失火报警方法，常用消防器材的使用方法，以及如何逃生、自救等。广大职工群众懂得这些基本的消防安全知识，可以有效地预防和控制火灾。消防安全知识教育还包括专业性消防技术知识教育，即对重点工种操作时保证消防安全所需要的专门消防技术知识，如从事电气、锅炉、压力容器、焊接、油漆等作业所需要的专门消防安全技术知识。在新工艺、新技术、新装置、新产品投产前，安全主管部门要组织有关人员编制新的安全操作规程，进行专门的消防安全教育。

（4）火灾案例教育。人们对火灾危害的认识往往需从火灾事故的教训中得到，而要提高人们的消防安全意识和防火警惕性，火灾案例教育则是一种最具说服力的方法。发生重大事故或恶性未遂事故时，安全主管部门要组织有关人员进行现场事故教育，防止类似事故发生。通过对火灾案例的宣传教育，可从反面提高人们对防火工作的认识，从中吸取教训，总结经验，采取措施做好防范工作。

（5）消防安全技能培训。消防安全技能培训主要是对作业人员而言的。在一个企业，要达到生产作业的消防安全，作业人员不仅要掌握消防安全基础知识，而且还应掌握防火、灭火的基本技能。消防安全技能培训包括正常作业的消防安全技能培训和异常情况处理技能培训。这种培训应该在实际操作中进行，必须使作业人员能根据相应的作业条件做出正确的操作，才能达到消防安全的目的。

114. 生产岗位职工的安全教育有什么要求？

所有新入厂职工，包括学徒工、外单位调入职工、合同工、代培人员和大中专院校实习生，上岗前必须进行厂级、车间级和班组级的三级安全教育。

（1）厂级安全教育由企业安全管理部门会同人事部门组织实施，主要使受教育者了解企业安全生产概况和企业内的危险源，以及基本的安全技术知识等。新职工经厂级安全教育并考试合格后，再分配到车间。

（2）车间级安全教育由车间负责人组织实施，主要使受教育者了解车间的规章制度及车间内的危险区、典型案例等。新职工经车间级安全教育并考核合格，再分配到班组。

（3）班组级安全教育是班组长对新入厂职工在上岗前进行的安全教育，主要使受教育者了解工段或生产班组的安全生产情况、工作性质和职责范围、容易发生事故的部位、个人防护用品的使用和保管等。

对企业新职工应按规定通过三级安全教育并经考核合格后方可上

岗。职工厂际调动后必须重新进行入厂三级教育；厂内工作调动、干部顶岗劳动以及脱离岗位 6 个月以上者，应进行车间和班组两级安全教育，经考试合格后，方可从事新岗位工作。

◎ **法律提示**

《中华人民共和国安全生产法》第二十八条规定，生产经营单位应当对从业人员进行安全生产教育和培训，保证从业人员具备必要的安全生产知识，熟悉有关的安全生产规章制度和安全操作规程，掌握本岗位的安全操作技能，了解事故应急处理措施，知悉自身在安全生产方面的权利和义务。未经安全生产教育和培训合格的从业人员，不得上岗作业。

115. 为什么从事特种作业必须持证上岗？

特种作业人员在劳动生产过程中担负着特殊任务，所承担的风险较大，一旦发生事故，便会给企业生产、职工生命安全造成较大损失。因此，特种作业人员必须进行专门的安全技术知识教育和安全操作技术训练，并经严格的考试。考试合格并取得特种作业操作资格证书者，方可上岗工作。特种作业操作资格证书每 3 年复审一次。这是企业安全教育的一项重要制度，是保障安全生产、防止重大伤亡事故发生的重要措施。

◎ **相关链接**

根据应急管理部的有关规定，特种作业范围如下：

（1）电工作业。

（2）焊接与热切割作业。

（3）高处作业。

（4）制冷与空调作业。

（5）煤矿安全作业。

（6）金属非金属矿山安全作业。

（7）石油天然气安全作业。

（8）冶金（有色）生产安全作业。

（9）危险化学品安全作业。

（10）烟花爆竹安全作业。

（11）应急管理部认定的其他作业。

◎ **法律提示**

《中华人民共和国消防法》第二十一条规定，进行电焊、气焊等具有火灾危险作业的人员和自动消防系统的操作人员，必须持证上岗，并遵守消防安全操作规程。

116. 消防安全检查的主要内容是什么?

（1）易燃易爆物品储存、运输、销售过程中的防火安全情况。例如，易燃易爆物品的生产、储存设备及其包装和运输工具是否符合防火条件，设备或容器的安全阀、阻火器、爆破片、紧急切断阀、单向阀、水封等防火安全附件和装置是否齐全、合格、适用，危险品包装的材质、容积、质量、构造、型号、标志等是否符合所装物品的要求等。

（2）用火用电情况及其他火源管理情况。例如，烘烤、熬炼、气焊、电焊、热处理等用火管理情况，是否都有动火审批手续和相应的安全措施；电气设备、线路等的安装、敷设、选型是否符合场所的防火防爆要求；设备、储罐、管道及建筑物防静电、防雷措施是否符合要求等。

（3）建筑物的耐火等级、平面布局和消防水源、消防道路情况。

例如，建筑物的耐火等级是否符合生产和储存物品的火灾危险类别要求，建筑物的防火分隔、防火分区、防火间距以及与四周建筑物、构筑物和设备装置的安全距离等是否符合消防技术规范的要求，消防水源是否充足，消防道路是否畅通等。

（4）火灾隐患整改情况。对历次检查发现的火灾隐患的整改情况如何，是消防安全检查的重点。在检查时，通常应注意以下三点：上次检查的认定是否准确无误，没有整改的原因是什么，对不能及时整改的隐患是否采取了补救措施或其他临时安全措施。

（5）消防组织和防火规章制度的建立和执行情况。例如，企业防火委员会是否成立，消防机构是否设立；专职消防队和志愿消防队是否建立，是否定期组织学习和训练，专职消防队的执勤备战情况如何，志愿消防队的分布是否有空白点；单位及重点部位有无必要的防火规章制度，执行情况如何等。

（6）消防设施、设备、器材情况。例如，应设的消防设施是否装设，应配的器材是否配备，消防器材是否齐全合理、完整好用等。

（7）干部、职工的安全思想状况。各级领导和广大职工是否重视消防安全工作，通过调查了解或与职工交谈，了解职工群众的防火警惕性以及防火安全意识状况，各级领导是否把防火安全工作摆在重要议事日程，职工群众是否人人关心和主动搞好消防安全工作。

（8）消防重点单位的标准落实情况。对照消防救援机构规定的消防重点单位的标准要求，看其哪些落实了，哪些没有落实，没有落实的原因是什么。

117. 消防安全检查有哪些组织形式？

消防安全检查不是一项临时性措施，不能一劳永逸，而是一项长期的、经常性的工作，所以，在组织形式上应采取经常性检查和季节性检查相结合、群众性检查和专门机关检查相结合、重点检查和普遍检查相结合的方法。

（1）基层单位的自查。基层单位的自查是组织群众开展经常性防火检查最基本的形式，它对预防火灾起着十分重要的作用。基层单位的自查是在各单位消防责任人的领导下，由保卫、安全技术和专、兼职消防安全管理人员以及志愿消防队队员和有关职工参加。基层单位的自查可分为以下几种形式：

1）定期检查。依据指定的日程和规定的周期，如周、月、季、年及节假日前后进行全面消防安全大检查，通常由单位领导组织并参加。这种检查声势较大，不仅能够查出和解决某些隐患问题，在客观上还能起到"敲警钟"的作用。

2）不定期检查。企业的不安全因素随时都可能出现，因此，只靠定期消防安全检查是远远不够的，必须根据客观因素的变化，开展不定期的消防安全检查，包括开工前的安全检查、试车工作的安全检查确认、季节性的安全检查（其中包括冬季防火检查、夏季防雷电检查等）。不定期检查的组织形式类似于定期检查，这种检查的特点是迅速、及时，解决问题快，效果明显。

3）日常防火安全检查。日常防火安全检查以保卫、消防检查人员、生产管理人员和岗位职工为主，是在日常生产中进行的消防安全检查。日常防火安全检查发现的隐患量大，最能反映企业生产过程中消防安全状况的真实水平，这种检查的优点是可以随时随地发现问题并及时进行整改。日常防火安全检查的形式一般有巡回检查、岗位检查。巡回检查主要依靠值班的干部、警卫和专、兼职防火员，按照规定的时间和项目，尤其是在夜间，对生产现场的防火安全情况进行巡视监督，重点检查电源、火源，并注意其他情况，及时堵塞漏洞，消除隐患。岗位检查是按照岗位防火责任制的要求，以班组长、安全员、消防员为主的防火安全情况检查。这种检查通常以班前、班后和交接班时为检查的重点。

4）专业防火安全技术检查。专业防火安全技术检查主要是根据企业安全生产的需要，组织专业人员用仪器和其他监测手段，有计划、有重点地对某项专业工作进行的防火安全检查，如企业各职能部门分别对压力容器、电气设备、管线、危险化学品、消防设施等的专业防火安全检查。通过检查，可以了解设备可靠程度、维护管理状况、岗位人员的消防安全技术素质等情况，以利于防火安全技术措施、计划等的制定。

（2）企业单位主管部门的检查。该项检查由企业单位的上级主管部门组织实施，它对推动和帮助基层单位落实防火安全措施、消除火灾隐患具有重要作用。通常有互查、抽查和重点查三种形式。

118. 对消防安全检查的频次有何要求？

（1）企业检查每季度进行一次，由企业领导组织，工会等有关科室和专业人员参加。

（2）车间检查每月进行一次，由车间主任组织，车间工会和专业人员参加。

（3）班组检查每周进行一次，由班组长组织，班组安全员和岗位组长参加。

（4）岗位检查每天班前进行，班中至少检查一次，由操作人员进行。

以上检查结束后，要做好检查记录，检查人员应当在检查记录表上签名，存入单位消防安全管理档案。

（5）企业单位主管部门应每季度对所属重点企业单位进行一次检查，并向当地消防救援机构报告检查情况。

119. 消防安全检查主要采取什么方法?

（1）传统消防安全检查。首先要听取单位有关人员的汇报和介绍，接着要深入现场察看，再深入到群众中访问，然后把听、看、访得到的情况进行综合分析，最后得出结论，提出整改意见和对策。

（2）采用安全检查表检查。在消防安全检查中采用安全检查表，可以避免传统消防安全检查中单凭主观认识、个人经验和直观感觉来判断，随机性大、容易遗漏等弊端，做到全面细致、重点突出，从而可以逐步实现消防安全检查标准化、规范化。根据消防安全检查要求，首先把要检查的具体项目及检查标准定好，印成安全检查表，然后发给检查者，由检查者按项目内容和标准进行检查核对，最后得出结论或评价。每项检查都应分别制定相应的安全检查表，否则会使检查者心中无数或漏项。

（3）使用安全监测仪器检查。安全监测仪器在检查验证中的使用使企业的消防安全检查工作发生了深刻的变化。在生产过程中常会遇到一些无色、无味、无形且有危险的物质，如可燃气体与空气混合物等，直观很难感觉和判断；有些危险物质，如粉尘等，虽然能从现象上感觉到，但也只能做定性判断，由于判断不准，很可能造成失误。在消防安全检查中采用安全监测仪器，可对危险性进行科学论证。

120. 什么是火灾隐患？

火灾隐患是指违反消防安全法规或者不符合消防安全技术标准，增加发生火灾的危险性，或者发生火灾时会增加人员伤亡、财产损失，或者在发生火灾时严重影响灭火救援行动的一切行为和现象。火灾隐患通常包含三层含义：一是增加了发生火灾的危险性，如违反规定生产、储存、运输、销售、使用易燃易爆危险品；二是一旦发生火灾，会增加人员伤亡、财产损失，如疏散通道堵塞，消防器材不完好、有效；三是一旦发生火灾会严重影响灭火救援行动，如缺少消防水源，消防车通道堵塞等。

火灾隐患根据其火灾危险性的大小和危害程度，按国家消防监督管理的行政措施可分为特大火灾隐患、重大火灾隐患，一般火灾隐患三类。特大火灾隐患是指违反国家消防安全法律法规的有关规定，不能立即整改，可能导致火灾发生或使火灾危害增大，并可能造成特大人员伤亡、特大经济损失和特大社会影响的重大火灾隐患，通常需要政府挂牌督导整改。重大火灾隐患是指违反国家消防安全法律法规的有关规定，不符合消防技术标准，可能导致火灾发生或使火灾危害增大，并可能造成特别重大火灾事故或严重社会影响的各类潜在不安全因素。一般火灾隐患指除特大、重大火灾隐患之外的隐患。目前我国消防行政执法中按火灾隐患整改的难易程度，将火灾隐患整改分为一般性火灾隐患整改和重大火灾隐患整改，还未将特大火灾隐患确定为具体管理对象，因此，重大火灾隐患也包括特大火灾隐患。

◎**专家提示**

发现火灾隐患和消防安全违法行为可拨打"96119"电话，向当地消防救援机构举报。消防救援机构必须及时通知有关单位或者个人立即采取措施，消除隐患。同时，对造成火灾隐患的违法行为，还应当依照《中华人民共和国消防法》的规定予以行政处罚。有关单位应当积极配合并及时采取措施。

121. 如何判定火灾隐患？

火灾隐患的确认应根据法律法规，结合单位的实际情况，全面细致地考察和了解，实事求是地分析和判断。

（1）根据《消防监督检查规定》（中华人民共和国公安部令第120号）判定。《消防监督检查规定》规定，具有下列情形之一的，应当确定为火灾隐患：①影响人员安全疏散或者灭火救援行动，不能立即改正的；②消防设施未保持完好有效，影响防火灭火功能的；③擅自改变防火分区，容易导致火势蔓延、扩大的；④在人员密集场所违反消防安全规定，使用、储存易燃易爆危险品，不能立即改正的；⑤不符合城市消防安全布局要求，影响公共安全的；⑥其他可能增加火灾实质危险性或者危害性的情形。

（2）根据《重大火灾隐患判定方法》（GB 35181—2017）判定。重大火灾隐患的判定应结合实际情况，选择直接判定或综合判定的方法，按照其判定程序和步骤进行。

1）重大火灾隐患直接判定。下列情况可以直接判定为重大火灾隐患：①生产、储存和装卸易燃易爆危险品的工厂、仓库和专用车站、码头、储罐区，未设置在城市的边缘或相对独立的安全地带；②生产、储存、经营易燃易爆危险品的场所与人员密集场所、居住场所设置在同一建筑物内，或与人员密集场所、居住场所的防火间距小于国家工程建设消防技术标准规定值的75%；③城市建成区内的加油站、天然气或液化石油气加气站、加油加气合建站的储量达到或超过《汽车加油加气加氢站技术标准》（GB 50156—2021）对一级站的规定；④甲、乙类生产场所和仓库设置在建筑的地下室或半地下室；⑤公共娱乐场所、商店、地下人员密集场所的安全出口数量不足或其总净宽度小于国家工程建设消防技术标准规定值的80%；⑥旅馆、公共娱乐场所、商店、地下人员密集场所未按国家工程建设消防技术标准的规定设置自动喷水灭火系统或火灾自动报警系统；⑦易燃液体、可燃液体、可燃气体储罐（区）未按国家工程建设消防技术标准的规定设置固定灭火、冷却、可燃气体浓度报警、火灾报警设施；⑧在人员密集场所违反消防安全规定使用、储存或销售易燃易爆危险品；⑨托儿所、幼儿园的儿童用房以及老年人活动场所，所在楼层位置不符合国家工程建设消防技术标准的规定；⑩人员密集场所的居住场所采用彩钢夹芯板搭建，且彩钢夹芯板芯材的燃烧性能等级低于《建筑材料及制品燃烧性能分级》（GB 8624—2012）规定的A级。

2）重大火灾隐患的综合判定。不符合重大火灾隐患直接判定任意一条要素且不符合不应判定为重大火灾隐患规定的，应采用重大火灾隐患的综合判定法判定。重大火灾隐患的综合判定法是根据重大火灾隐患这一事物的构成要素和综合判定规则，进行对照、综合分析判定的方法。

重大火灾隐患综合判定要素见表5-1。

表 5-1 重大火灾隐患综合判定要素

项目	要素	对应 GB 35181—2017 序号
总平面布置	未按国家工程建设消防技术标准的规定或城市消防规划的要求设置消防车道或消防车道被堵塞、占用	7.1.1
	建筑之间的既有防火间距被占用或小于国家工程建设消防技术标准的规定值的80%，明火和散发火花地点与易燃易爆生产厂房、装置设备之间的防火间距小于国家工程建设消防技术标准的规定值	7.1.2
	在厂房、库房、商场中设置职工宿舍，或是在居住等民用建筑中从事生产、储存、经营等活动，且不符合《住宿与生产储存经营合用场所消防安全技术要求》（XF 703—2007）的规定	7.1.3
	地下车站的站厅乘客疏散区、站台及疏散通道内设置商业经营活动场所	7.1.4
防火分隔	原有防火分区被改变并导致实际防火分区的建筑面积大于国家工程建设消防技术标准规定值的50%	7.2.1
	防火门、防火卷帘等防火分隔设施损坏的数量大于该防火分区相应防火分隔设施总数的50%	7.2.2
	丙、丁、戊类厂房内有火灾或爆炸危险的部位未采取防火分隔等防火防爆技术措施	7.2.3
安全疏散设施及灭火救援条件	建筑内的避难走道、避难间、避难层的设置不符合国家工程建设消防技术标准的规定，或避难走道、避难间、避难层被占用	7.3.1
	人员密集场所内疏散楼梯间的设置形式不符合国家工程建设消防技术标准的规定	7.3.2
	除直接评定要素规定外的其他场所或建筑物的安全出口数量或宽度不符合国家工程建设消防技术标准的规定，或既有安全出口被封堵	7.3.3

179

项目	要素	对应 GB 35181—2017 序号
安全疏散设施及灭火救援条件	按国家工程建设消防技术标准的规定，建筑物应设置独立的安全出口或疏散楼梯而未设置	7.3.4
	商店营业厅内的疏散距离大于国家工程建设消防技术标准规定值的125%	7.3.5
	高层建筑和地下建筑未按国家工程建设消防技术标准的规定设置疏散指示标志、应急照明，或所设置设施的损坏率大于标准规定要求设置数量的30%；其他建筑未按国家工程建设消防技术标准的规定设置疏散指示标志、应急照明，或所设置设施的损坏率大于标准规定要求设置数量的50%	7.3.6
	设有人员密集场所的高层建筑的封闭楼梯间或防烟楼梯间的门的损坏率超过其设置总数的20%，其他建筑的封闭楼梯间或防烟楼梯间的门的损坏率大于其设置总数的50%	7.3.7
	人员密集场所内疏散走道、疏散楼梯间、前室的室内装修材料的燃烧性能不符合《建筑内部装修设计防火规范》（GB 50222—2017）的规定	7.3.8
	人员密集场所的疏散走道、楼梯间、疏散门或安全出口设置栅栏、卷帘门	7.3.9
	人员密集场所的外窗被封堵或被广告牌等遮挡	7.3.10
	高层建筑的消防车道、救援场地设置不符合要求或被占用，影响火灾扑救	7.3.11
	消防电梯无法正常运行	7.3.12
消防给水及灭火设施	未按国家工程建设消防技术标准的规定设置消防水源、储存泡沫液等灭火剂	7.4.1
	未按国家工程建设消防技术标准的规定设置室外消防给水系统，或已设置但不符合标准的规定或不能正常使用	7.4.2

项目	要素	对应 GB 35181—2017 序号
消防给水及灭火设施	未按国家工程建设消防技术标准的规定设置室内消火栓系统，或已设置但不符合标准的规定或不能正常使用	7.4.3
	除旅馆、公共娱乐场所、商店、地下人员密集场所外，其他场所未按国家工程建设消防技术标准的规定设置自动喷水灭火系统	7.4.4
	未按国家工程建设消防技术标准的规定设置除自动喷水灭火系统外的其他固定灭火设施	7.4.5
	已设置的自动喷水灭火系统或其他固定灭火设施不能正常使用或运行	7.4.6
防烟排烟设施	人员密集场所、高层建筑和地下建筑未按国家工程建设消防技术标准的规定设置防烟、排烟设施，或已设置但不能正常使用或运行	7.5
消防供电	消防用电设备的供电负荷级别不符合国家工程建设消防技术标准的规定	7.6.1
	消防用电设备未按国家工程建设消防技术标准的规定采用专用的供电回路	7.6.2
	未按国家工程建设消防技术标准的规定设置消防用电设备末端自动切换装置，或已设置但不符合标准的规定或不能正常自动切换	7.6.3
火灾自动报警系统	除旅馆、公共娱乐场所、商店、其他地下人员密集场所以外的其他场所未按国家工程建设消防技术标准的规定设置火灾自动报警系统	7.7.1
	火灾自动报警系统不能正常运行	7.7.2
	防烟排烟系统、消防水泵以及其他自动消防设施不能正常联动控制	7.7.3

续表

项目	要素	对应GB 35181—2017序号
消防安全管理	社会单位未按消防法律法规要求设置专职消防队	7.8.1
	消防控制室操作人员未按《消防控制室通用技术要求》（GB 25506—2010）的规定持证上岗	7.8.2
其他	生产、储存场所的建筑耐火等级与其生产、储存物品的火灾危险性类别不相匹配，违反国家工程建设消防技术标准的规定	7.9.1
	生产、储存、装卸和经营易燃易爆危险品的场所或有粉尘爆炸危险场所未按规定设置防爆电气设备和泄压设施，或防爆电气设备和泄压设施失效	7.9.2
	违反国家工程建设消防技术标准的规定使用燃油、燃气设备，或燃油、燃气管道敷设和紧急切断装置不符合标准规定	7.9.3
	违反国家工程建设消防技术标准的规定在可燃材料或可燃构件上直接敷设电气线路或安装电气设备，或采用不符合标准规定的消防配电线缆和其他供配电线缆	7.9.4
	违反国家工程建设消防技术标准的规定在人员密集场所使用易燃、可燃材料装修、装饰	7.9.5

按照《重大火灾隐患判定方法》（GB 35181—2017），符合下列情形，可综合判定为重大火灾隐患：①人员密集场所存在表 5-1 中 7.3.1~7.3.9 和 7.5、7.9.3 规定要素 3 条以上（含本数，下同）；②易燃易爆危险品场所存在表 5-1 中 7.1.1~7.1.3、7.4.5 和 7.4.6 规定要素 3 条以上；③人员密集场所、易燃易爆危险品场所、重要场所存在表 5-1 中规定任意要素 4 条以上；④其他场所存在表 5-1 中规定任意要素 6 条以上。发现存在表 5-1 以外的其他违反消防法律法规、不符合消防技术标准的情形，技术论证专家组可视情节轻重，结合上述规定做出综合判定。

3) 重大火灾隐患判定流程。重大火灾隐患判定流程可按图5-1进行。

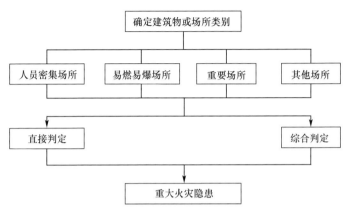

图5-1 重大火灾隐患判定流程

183

◎**专家提示**

属于下列任一种情形者可不判定为重大火灾隐患：①可以立即整改的；②依法进行了消防设计专家评审，并已采取相应技术措施的；③单位、场所已停产停业或停止使用的；④发生火灾不足以导致重大、特别重大火灾事故或严重社会影响的。

122. 如何进行火灾隐患整改?

（1）一般火灾隐患的整改。过程比较简单，不需要花费较多的时间、人力、物力、财力，对生产和经营活动不产生较大影响的整改为一般性整改。如职工着装不符合防静电要求的；使用非防爆的通信电气设备和电动工具的；机动车辆及畜力车进入罐区和危险区的；违章动用明火、用电和电气焊的；在防火间距内堆放可燃物料，在疏散走道内放置影响安全疏散的物资的；消火栓、消防车水泵接合器被重物压盖、遮挡、圈占等隐患。对于能当场整改的隐患，应当责成有关人员当场改正，督促落实，并做好记录。对不能当场整改的火灾隐患，应由存在隐患的单位制定整改方案，经安全、保卫部门同意后，限期整改，在火灾隐患未消除之前，应当落实防范措施，保障消防安全。对不能确保消防安全，随时可能引发火灾或者一旦发生火灾将严重危及人身安全的，应当将危险部位停产停业。整改结束后，应向安全、保卫部门报告。安全、保卫部门及消防安全管理人员对一般性整改要进行督促、检查、指导、验收。

（2）重大火灾隐患的整改。过程比较复杂，涉及面广，对生产影响比较大，需花费较多的时间、人力、物力、财力才能整改的，为重大火灾隐患整改。重大火灾隐患整改在一般情况下应由隐患存在单位负责，成立专门组织，各类人员参加研究，并根据消防救援机构的"火灾隐患整改通知书"或"停产停业整改通知书"的要求，结合单位的实际情况制定出一套切实可行、限定在一定时间或期限内完成整改的方案，并将方案报请上级主管部门和消防救援机构批准，认真实施，整改完毕应申请复查验收。

123. 对火灾隐患的整改有何要求？

火灾隐患的整改要及时、高效、实用，确保不发生火灾事故。

（1）抓住主要矛盾，选择最佳方案。隐患就是矛盾，一个隐患可能包含一对或多对矛盾，整改隐患必须学会抓主要矛盾。抓整改火灾隐患的主要矛盾，就要分析影响火灾隐患整改的各种因素和条件，制定出几种整改方案，经反复研究论证，选择最经济、有效、快捷的方案。避免顾此失彼而造成新的火灾隐患。

（2）树立价值观念。整改火灾隐患应牢固地树立价值观念，分析隐患的危险性和危害程度。如果虽有危险性，但危害程度较小，就应提出简便易行的办法，不必苛刻强求，从而得到投资少、消防安全价值大的整改方案。

（3）关键设备和要害部位隐患整改要严格。对于关键设备和要害部位存在的火灾隐患，要严格落实整改措施，拟定可行方案，力求解决问题干净、彻底，不留后患，从根本上确保消防安全。

（4）遵守法定期限。当隐患单位接到消防救援机构的"火灾隐患整改通知书"或"停产停业整改通知书"后，应当迅速研究整改方案，并在规定的时间内将整改方案或整改情况报当地消防救援机构。如果隐患存在单位对整改措施有不同意见，可在接到通知书后10日内，提出变通防范措施或者要求延期整改的意见，由消防救援机构在5日之内做出是否可行的决定。对接到通知书后置之不理或拖延不改的，由消防救援机构根据有关规定予以消防管理处罚。

（5）纳入企业改造和建设规划。对于建筑布局、消防通道、消防水源等方面的火灾隐患，应从长计议，纳入企业改造和建设规划中加以解决。当单位无力解决时，应取得当地消防救援机构和上级主管部门的支持，提请有关部门纳入城镇建设规划，逐步加以解决。对于涉及多个单位比较重大的问题，可报请当地政府解决。在问题未解决之前，应采取必要的临时性防范补救措施。

124. 为什么要制定事故应急预案？

事故应急预案又名事故预防和应急处理预案、事故应急救援预案、应急计划或应急预案，是针对可能的重大事故（件）或灾害，为保证迅速、有序、有效地开展应急与救援行动，降低事故损失而预先制订的有关计划或方案。它是在辨识和评估潜在的重大危险、事故类型、发生的可能性、发生过程、事故后果及影响严重程度的基础上，对应急机构的职责、人员、技术、装备、设施（备）、物资、救援行动及其指挥与协调等方面预先做出的具体安排。

一般来说，制定事故应急预案要达到三个方面的目的：一是事故预防，即通过危险辨识和事故后果分析，采用技术和管理手段降低事故发生的可能性，或使可能发生的事故控制在局部，防止事故蔓延；二是应急处置，即事故一旦发生后，能够启动应急处理程序和方法，快速处理故障或将事故消除在萌芽状态；三是抢险救援，即应对已成灾的事故，能够采用预定的现场抢险和抢救方式，控制事故发展并减少事故造成的损失。

灭火和应急疏散预案应当包括下列内容：一是组织机构，一般包括灭火行动组、通信联络组、疏散引导组、安全防护救护组；二是报警和接警处置程序；三是应急疏散的组织程序和措施；四是扑救初起火灾的程序和措施；五是通信联络、安全防护救护的程序和措施。应当按照灭火和应急疏散预案，至少每半年进行一次演练，并结合实际，不断完善预案。

◎ **法律提示**

在《中华人民共和国安全生产法》《中华人民共和国消防法》《中华人民共和国职业病防治法》《危险化学品安全管理条例》《国务院关于特大安全事故行政责任追究的规定》《机关、团体、企业、事业单位消防安全管理规定》等法规文件中都明确规定政府和生产经营单位主要负责人应组织制定事故应急救援预案。

125. 班组长在应急管理中的主要职责是什么？

班组长作为企业最基层组织的"一把手"，是班组应急管理的第一责任人。其职责体现在以下几个方面。

（1）对本班组应急管理全面负责。

（2）负责组织班组职工学习企业/车间各类应急预案，特别是逃生路线、紧急集合地点、报警电话、急救方法等。

（3）负责组织救人、逃生、报警等演练，并对演练效果进行评价和改进。

（4）发生突发事故（事件）后，立即向直接上级报告。

（5）发生突发事故（事件）后，立即组织班组职工救人、逃生，集中后清点人数，发现未到者及时向上级报告。

126. 班组职工开展应急演练应遵循哪些程序?

班组是及时处理事故、紧急避险、自救互救的重要环节，同时也是事故及早发现、及时上报的关键，因此，对班组职工开展应急演练非常重要。班组应急演练的程序如图 5-2 所示。

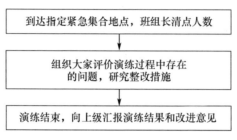

图 5-2　班组应急演练的程序

127. 班组的应急培训和演练主要包括哪些内容?

（1）针对系统（或岗位）可能发生的事故，在紧急情况下如何进行紧急停车、避险、报警的方法。

（2）针对系统（或岗位）可能导致的人员伤害的类别，现场进行紧急救护的方法。

（3）针对系统（或岗位）可能发生的事故，如何采取有效的措施控制事故和避免事故扩大。

（4）针对可能发生的事故，明确应急救援必须使用的防护装备，学会使用方法。

（5）针对可能发生的事故，学习消防器材和附属设备的使用方法。

（6）掌握生产车间存在的危险化学品的种类、健康危害、危险特性、急救方法。

128. 班组职工通过应急演练要掌握哪些知识?

班组职工在应急演练中至少要掌握"四个一"，即"一图、一点、一号、一法"。一图，即逃生路线图。车间、厂房发生突发重大事故后，由于处在弱势地位，班组职工除了抢救身边的伤者这个首要任务外，最重要的任务不是救灾抢险而是逃生，这是现代应急管理的基本原则，是以人为本的具体体现。既然是逃生，就要事先熟知现场逃生路线，所以，班组职工一定要利用班组安全活动之机，学习并掌握逃生路线；班组应急演习的重要任务也是熟悉逃生路线，避免临时乱了方寸。一点，即紧急集合地点。紧急集合地点是逃生路线的终点，其作用体现在：紧急疏散后，集中到此地，便于应急指挥部门点名，核实职工人数。如有缺员，立即寻救。一号，即报警电话号码。报警电话有不同的类别和层次，火警"119"、急救"120"是众所周知的，但作为班组职工，仅仅知道这两个号码是远远不够的。这里所说的"一号"，首先是指所在单位或车间应急指挥中心的电话号码，以及直接上级领导的电话号码，因为发生事故后，第一发现人首先要向直接领导报告，然后由直接领导向相应的上级领导或部门报告。一法，即常用的急救方法。因为发生突发事故或事件后，班组职工的首要任务是抢救身边的伤员，所以掌握烧烫伤、中毒、触电、机械外伤、中暑等几种常见的急救方法非常必要。

参考文献

1. 郭铁男. 中国消防手册·第四卷：生产加工防火 [M]. 上海：上海科学技术出版社，2008.
2. 郑端文. 消防安全管理 [M]. 北京：化学工业出版社，2009.
3. 蔡风英. 化工安全工程 [M]. 北京：科学出版社，2009.
4. 王德堂. 化工安全生产技术 [M]. 天津：天津大学出版社，2009.
5. 葛晓军. 化工生产安全技术 [M]. 北京：化学工业出版社，2008.
6. 李建华. 火灾扑救 [M]. 北京：化学工业出版社，2012.
7. 李建华. 火灾事故应急预案编制与应用手册 [M]. 北京：中国劳动社会保障出版社，2008.
8. 黄郑华. 生产工艺防火 [M]. 北京：化学工业出版社，2011.